流行と日本人

若者の購買行動とファッション・マーケティング

辻　幸恵 著
Tsuji Yukie

東京 白桃書房 神田

はじめに
― 10版によせて ―

　2019年4月から学長補佐に任命され，大学のブランド化という仕事に携わっています。私が初めて執筆した本は『ブランドと日本人』で白桃書房から1998年に発行させて頂きました。本書『流行と日本人』は2冊目の単著で，2001年に発行してから今回で10版になりました。2000年当時と今では流行の流れが異なっています。学生たちが流行を知るのは，スマートフォンの普及によって，テレビやコマーシャルからではなく，SNS，YouTube，Twitterに変化していき，いつでも，誰でも，どこでも，情報を取得することが可能になりました。さらに取得するだけではなく，個人が手軽に情報を発信することもできます。

　ただ，情報の流れやツールが変化しても人々が良いと思うものには傾向があり，それが流行につながっていきます。今後も，昔と今，そして将来を予測しながら，流行を切り口に社会の現象を分析していきたいと思います。

2020年4月

辻　　幸　恵

目　次

はじめに-9版によせて-

序章　本書の構成 ——————————————— 1
1. 目的 …………………………………………………… 1
2. 用語 …………………………………………………… 2
3. 構成 …………………………………………………… 3
4. データ ………………………………………………… 5
5. 本研究の成果 ………………………………………… 6

第1章　流行に関するフレームワーク ——————— 9
1. 現在の流行のとらえ方 ……………………………… 9
2. 流行に対する考え方の基礎………………………… 10
3. 流行とファッションとの関係……………………… 13

第2章　流行を認知する大学生と認知しない大学生との比較 ——————————————— 19
1. 緒言 …………………………………………………… 19
2. 調査方法……………………………………………… 22
   (1) 予備調査（集合調査法・自由に記述） 22
   (2) 予備調査結果 22
      ① 男子大学生が知っている流行について 22
      ② 女子大学生が知っている流行について 23

　　　　(3) 本調査（集合調査法・郵送法・選択式）　25
　3．分析方法（数量化Ⅱ類）……………………………………… 26
　4．結果・考察……………………………………………………… 26
　　　(1) 数量化Ⅱ類からの結果　26
　　　　① 男子大学生の場合（影響を与える4項目）　26
　　　　② 女子大学生の場合（影響を与える6項目）　29
　　　(2) 考察　30
　　　　① 男子大学生（流行を認知する者の特徴）　30
　　　　② 女子大学生（流行を認知する者の特徴）　31
　5．まとめ…………………………………………………………… 32
　　　(1) 男子大学生（認知する者としない者）　32
　　　(2) 女子大学生（認知する者としない者）　33
　　　(3) 流行に対する認知について　33

第3章　流行に敏感である女子大学生の特性とそれに関する要因分析 ── 37

　1．緒言……………………………………………………………… 37
　2．調査方法（集合面接法・郵送法／女子大学生）………… 39
　3．単純集計の結果（8つの質問に対する回答のまとめ）……… 41
　4．分析方法（数量化Ⅱ類）……………………………………… 44
　　　(1) 流行に敏感だと思うか思わないかを決定する要因　44
　　　(2) 説明変数の相互関係（独立性の検定）　45
　5．結果……………………………………………………………… 47
　6．考察……………………………………………………………… 49
　　　(1) 流行に敏感であると思うか思わないかを決定する
　　　　要因について　49
　　　(2) 流行と女子大学生の生活について　51

7. まとめ……………………………………………………………… *53*
    (1) 流行の敏感さを決定する要因 *53*
    (2) 流行と女子大学生の日常生活 *53*
8. 補足………………………………………………………………… *54*
    (1) 流行のとらえ方について *54*
        ① 流行の順位づけ（順位法） *54*
        ② 流行からの情報伝達，情報からみた流行の役割 *55*
        ③ 女子大学生の間で流行している衣服 *56*
        ④ 購入場所 *56*
        ⑤ 具体的なブランド名 *57*

第4章　女子大学生の流行に対する男子大学生の反応——— *61*

1. 緒言………………………………………………………………… *61*
2. 調査方法…………………………………………………………… *63*
    (1) 予備調査 *64*
        ① 調査期間・対象（2000年1月・男子大学生） *64*
        ② 質問内容（女子大学生の流行について知っているものについて） *64*
        ③ 結果（予備調査の結果） *64*
        ④ 考察（コンビニの情報源としての役割） *65*
    (2) 本調査 *66*
        ① 調査期間・対象（2000年2月・男子大学生） *66*
        ② 質問内容（6つの場面での男子大学生の容認度） *66*
    (3) 事後調査 *66*
        ① 調査期間・対象（2000年4月・女子大学生） *66*
        ② 質問内容 *67*
3. 分析方法（因子分析法）………………………………………… *67*
4. 結果・考察………………………………………………………… *68*

　　　　(1) 因子分析からの結果と考察　*68*
　　　　　① 第1因子（ＴＰＯの因子）　*68*
　　　　　② 第2因子（センスの因子）　*71*
　　　　　③ 第3因子（機動性の因子）　*72*
　　　　(2) 男女の比較―女子大学生との容認度の差―　*73*
　5．まとめ……………………………………………………… *79*
　　　　(1) コンビニの役割　*79*
　　　　(2) 男子大学生からみた女子大学生の流行　*79*
　　　　(3) 6つの場面と流行にしている10項目との関係　*79*

第5章　大学生活と流行
　　　　―男子大学生の流行に対する知識，態度―　　　　*83*

　1．緒言……………………………………………………… *83*
　2．調査方法………………………………………………… *85*
　　　　(1) 予備調査　*85*
　　　　　① 調査期間・対象（1999年10〜11月・男子大学生）　*85*
　　　　　② 質問内容（流行について思い浮かべるもの）　*85*
　　　　(2) 本調査　*87*
　　　　　① 調査期間・対象（2000年5〜6月・男子大学生）　*87*
　　　　　② 質問内容（態度について）　*87*
　3．分析方法（数量化Ⅱ類）……………………………… *89*
　4．結果・考察……………………………………………… *89*
　　　　ブランドに関する項目　*90*
　　　　日常生活に関する項目　*90*
　　　　情報収集に関する項目　*91*
　5．まとめ…………………………………………………… *91*
　　　　3つの項目に関する要点　*91*

第6章　大学生の価値観と流行
　　　　―流行のバッグを購入する場合― ─────────────── 93

1. 緒言 …………………………………………………………… 93
2. 調査方法 ……………………………………………………… 94
    (1) 流行していると思う鞄について　95
    (2) 鞄についての価格・購入希望価格　95
    (3) 価格の重要性　95
    (4) 購入先の場所（店舗・業態）　95
    (5) 自分自身のポジショニング　96
    (6) 高価格のバッグを持つ場面　96
3. 調査の結果 …………………………………………………… 96
    (1) 流行しているバッグの回答状況　96
    (2) 購入希望価格　96
    (3) 購入の際の重要度　97
    (4) ブランド・バッグの購入先　98
    (5) 女子大学生の流行と定番におけるポジショニング　98
    (6) 価格の高低によるバッグの使用状況　100
4. 考察 …………………………………………………………… 100
    (1) 価格の2極化　100
    (2) 価格感について　101
    (3) 女子大学生を取り巻く条件　101
5. まとめ ………………………………………………………… 103
    (1) 6大ブランドとその他との2極化　103
    (2) 一般と身内の相違　103
    (3) 限られた条件からの取り込み　103

第7章　若者のギフト観と流行
　　　　　―女子大学生のクリスマスギフトの場合―　　　　　107

1. 緒言 …………………………………………………… 107
2. 調査方法（集合調査法・郵送法／女子大学生）……… 110
3. 集計結果 ……………………………………………… 112
4. 分析方法（因子分析法）……………………………… 115
5. 結果 …………………………………………………… 115
   - (1) 一般的なクリスマスギフトについて　117
   - (2) 恋人からもらうクリスマスギフトについて　118
6. 考察 …………………………………………………… 119
   - (1) 一般的と恋人とのギフトの差　119
   - (2) 一般的と恋人とのギフトの特徴　120
7. まとめ ………………………………………………… 121
   - (1) クリスマスギフトの共通点　121
   - (2) 一般的と恋人との差　122
   - (3) 一般的なギフトの高級志向　122
   - (4) 恋人からもらうクリスマスギフトのこだわり　122

第8章　女子大学生が抱く流行のイメージ ───── 127

1. 緒言 …………………………………………………… 127
2. 調査方法 ……………………………………………… 128
3. 集計結果 ……………………………………………… 129
   - (1) 今年の流行の色について　129
   - (2) 流行で思い浮かべる色について　130
   - (3) 流行で思い浮かべるものについて　130
   - (4) 流行を表現する言葉について　130
4. 分析方法 ……………………………………………… 131

5. 結果（因子分析から得た3要因）……………………… *132*
　　6. 考察 ……………………………………………………… *133*
　　7. まとめ …………………………………………………… *134*

第9章　大学生の流行とこだわり―――――――――――― *137*
　　1. 緒言 ……………………………………………………… *137*
　　2. 調査方法（集合調査法・郵送法）……………………… *138*
　　3. 集計結果 ………………………………………………… *139*
　　　　(1) こだわり（マイ・ブーム）の有無　*139*
　　　　(2) 女子大学生のこだわりの順位づけ　*140*
　　　　(3) 男子大学生のこだわりの順位づけ　*143*
　　4. 考察 ……………………………………………………… *146*
　　　　(1) 「こだわり」の要因　*146*
　　　　(2) 「こだわり」と流行との関係　*147*
　　5. まとめ …………………………………………………… *148*

結章　むすびに代えて――――――――――――――――― *153*

　参考文献　*159*
　索引　*167*

序章
本書の構成

1. 目的

　本書の目的は，現代に生きる大学生にとっての流行とは何か，その本質を，主に衣服，雑貨を中心としてさまざまな切り口から明らかにすることである。さまざまな切り口のひとつとして，流行に敏感であるか，流行を容認できるか，あるいはクリスマスギフトと流行との関係等が挙げられる。流行の一般的な定義は「①流れ行くこと。②急に或る現象が世間一般にゆきわたること。特に，衣服・化粧・思想などの様式が一時的にひろく行われること。はやり。③（芭蕉の用語）不易流行（ふえきりゅうこう）参照。」[1]である。流行とは，流れ行くことという言葉が代表するように，まさにある発信源から伝播して，流れるように広まっていくものである。

　たとえば，発信源については，アパレルの場合は多くは企業になる。来年，あるいはさ来年に流行するカラーを想定したうえで，素材やデザインを決めていくのである。もちろん，消費者に対して提案をするわけであるので，そのまま企業の思ったとおりの100％の流行になるか否かは未知数である。しかし，企業が想定したある部分は確実に流行となっていくのである。

2. 用語

　本書は流行という現象を若者の代表として大学生を選択し，その内容を調査した。その調査結果をデータとして解析を行なっている。女子大学生あるいは男子大学生という範囲の中で流行の影響を考えているのである。ここでの大学生は一般常識の範疇であり，厳密な基準（単位の取得等）を設けているわけではない。本書において調査対象とされる自然人が，すべて大学生であること，社会人や中・高校生は含まれていないことを明示しておく。そして，もうひとつ明確にしなければならないことは，調査対象である大学生は，すべて関西圏の大学に在籍し，現在は関西圏に在住の者である（下宿を含める）。

　本書の用語は解析等の手法の箇所は統計学にそっている。また，考察の部分での用語は社会心理学（心理学）の分野にそっている。また，ガングロやネイルという言葉は，若者の間での俗語である。たとえば，ガングロとは化粧方法のひとつで，顔全体を黒っぽいファンデーションで仕上げ，口紅は薄い色を用いる。目の周りは薄い色でのアイメイクを行なう。主に，高校生の間で流行している現象である。厚底ブーツやミュールは靴の種類である。厚底ブーツとは，底の厚い（10cm以上）ブーツを指す。これらも上記の俗語に近い言葉である。また，ブランドバッグについてはそのブランド名を本文には主にカタカナで書いた。これは読み手が読みやすいようにとの配慮である。よって，各ブランドを有する企業の表示そのものではない。

　本書においての流行は，あくまで衣服，雑貨の範疇であり，それ以外は今回の調査では行なっていない。それ以外の例は，たとえば「言語」が挙げられる。若者の隠語に似た言葉も，もちろんその時代ごとに流行のバロメーターにはなるはずである。しかし，言語はその時だけに流行するのか，仲間内だけの暗号なのかと，すでに大人も使用する言葉なのかとさまざまな問題を抱えている。そこで，本書においては言語を研究の対象，調査の範囲と

はしなかった。主に，購入できるもの，製品に焦点を絞って調査を実施した。

3. 構成

本書は各章が1つずつ独立したテーマを有している。よって，読み手はどこの章から読まれても理解できるであろう。この構成上，本書は流行に関しての体系的な書ではない。最初に，目的として述べたように，流行という現象について，筆者はさまざまな角度から切り口から，流行を解明したいと思ったからである。よって，全体的には切り貼りになった感がするが，多くの事例を集めて，それぞれのテーマにそって解明したことを理解していただきたい。

序章では本書の構成，目的，用語説明等について示し，本書のねらいを明確にした。

第1章では流行のフレームワークについて，流行とはどのようなとらえかたをされているのかを知るために，流行の定義や従来の有名な学者とその学説（例：ジンメルのトリクルダウンセオリー等）を紹介している。

第2章では流行を認知する大学生と認知しない大学生とに数量化II類を用いて分類をした。その結果，流行を認知する，しないに大きく影響を与える要因を男子大学生と女子大学生にそれぞれ見出した。男子大学生の場合は，4項目で①流行に敏感か，鈍感か，②雑誌を毎月購入するか，しないか，③好きなブランドがあるか，ないか，④恋人・ガールフレンドがいるか，いないか，である。女子大学生の場合は6項目で①流行に敏感か，鈍感か，②雑誌を毎月購入するか，しないか，③好きなブランドがあるか，ないか，④テレビの視聴時間の長短，⑤友人との接触時間の長短，⑥ブランドを気にするか，気にしないか，である。なお，本書で使用するブランドとは主に商品名，企業名である。一般的なブランドの定義は銘柄，商標[2]である。同一カテゴリーに属する他の製品（財またはサービス）と明確に区別する特性，す

なわち名前，表現，デザイン，シンボルその他の特徴を持った製品のこととされている。

　第3章では流行に敏感である女子大学生の特性について見出した。流行の敏感さを決定する要因は3つで，①ブランドを重視する，②値段を重視する，③アルバイトをしている，である。流行に敏感な女子大学生は，ブランドを身近に感じており，流行の伝播に役立つ存在である。

　第4章では女子大学生の流行に対する男子大学生の反応をみた。一般的に，男子大学生の方が女子大学生よりも，流行に対しては厳しい意見を持っている。流行自体にも否定的な見解を示す者もいる。

　大学生が流行を知るきっかけとなる場所には，大学や街中以外に，コンビニという場所が挙げられた。コンビニは大学生に対して，流行という情報も発信していることになる。男子大学生が女子大学生の流行の中で，もっとも容認できないものとして，ガングロ（ただし，これは本来，女子高校生の流行である），厚底ブーツ，ミュールであった。厚底ブーツやミュールは動きにくいという機動面からの否定が多かった。

　第5章では男子大学生の流行に対する知識と態度を調べた。知識とは，どの程度，流行を知っているのかということであり，態度とは流行をどのように受け止められるかということである。ここでは流行への態度に関して，3つの大きな分類を行なった。それらは，ブランドに関する項目，日常生活に関する項目そして情報収集に関する項目である。その結果，男子大学生のうち，流行に積極的な者は，新しいブランドに興味を持ち，自分の好みでブランドを選択する者である。また，お金の余裕のある者で，情報にも関心の深い者である。

　第6章では価格を切り口として，流行を考えてみた。エルメスやプラダのようなブランドとユニクロのような価格の低いブランドを例示しながら，女子大学生を調査対象として，価格と流行との関係をみた。その結果，価格は2極化を示した。高級化と低価格化である。

　第7章ではギフトと流行との関係をみた。ギフトの中ではクリスマスギフ

トを選択した。これはバレンタインギフトのようにプレゼントが限定されず，プレゼント（ギフト）の内容も自由であり，選択の幅が広いと思ったからである。この結果，一般的なギフトと特定の恋人やボーイフレンドからもらうギフトとは異なっていることがわかった。一般的なギフトでは高価なものを望むが，恋人からのギフトは等身大のブランドで，プレミアのようなものが好まれる。

第8章では女子大学生が流行に関して，どのようなイメージを抱いているのかを明らかにした。その結果，女子大学生は「明るい」「元気」「さわやか」という3つのイメージを流行に抱いていることがわかった。

第9章では男女の大学生のこだわりを調査した。その結果，女子大学生はダイエットとファッション，男子大学生は自動車と食品に多くのこだわりが見い出された。これらのこだわりは流行に結びつく場合もあるが，気合いの入らない自然体なものも流行しているので，2つの局面が考えられる。

結章では流行についての簡単なまとめを行なうと共に，今後の研究の課題について述べた。この研究は流行を研究するうえでのあるきっかけにしかすぎない。今後，企業はどのような方法で顧客を導いていこうとしているのか。一方，消費者は何をどのように選択するのかについて述べた。

4. データ

調査対象は主に関西圏の大学に在籍する大学生である。彼らの居住地も現時点では，同じく関西圏である。具体的には兵庫県，大阪府，京都府が主な調査地域となる。ただし，兵庫県は姫路市が最西となる。主に市を中心として，できうる限り郡，字は省くようにした。製品への接触，あるいは購入ということを念頭に置いた場合，なるべく購入機会あるいは接する機会が豊富な生活環境の者の方が，本研究の主旨に合致している対象であると考えたからである。

データとしては，前述の調査対象は主に，筆者が作成した質問紙に回答し

たものを用いた。それは予備調査段階では記述式が多い。本調査の段階では，質問項目を絞り込み5段階評価法での回答を得るように試みた。これは解析処理を行ない，数値化することを見越しての措置である。データの解析は主に今回は数量化II類と因子分析を用いた。質的なデータを数値化するためには，数量化という統計手法が最適であると判断したからである。また，流行の背景にある要因を探るためには，因子分析という手法が合致していると考えたからである。

なお，調査方法としては，予備調査においては，主にグループを作り，自由に討論してもらった後，記述式の回答をさせた。また，本調査においては集合調査法と郵送法の2種類の方法を主に用いた。ここでの回答は記述ではなく，5段階での評価や，○をつけるといった選択の方法を用いた。

5. 本研究の成果

多くの切り口から，流行についての分析を行なったので，流行に関しての新たな視点を提供できた。たとえば，流行を容認する若者（男子大学生と女子大学生）は，どのような特徴を有しているのか，流行に敏感な若者はどこから流行に関する情報を得ているのか，そして彼らは何を求めているのか等を明らかにすることができた。これらのことを知ることは，商品を開発する企業にとっても，実際に商品を利用する消費者にとっても双方に便益がある。求めているものを企業が提供してくれれば，そこに在庫や無駄な資源を使う必要はなく，地球環境にも貢献できるであろう。

また，流行を知ることは，企業にとっては新しい商品を開発するときの指針になるであろう。そして，流行を好む若者たちにアピールするための広告の方法（たとえば雑誌に掲載する，話題の人に使用してもらう，コンビニに陳列する等）が理解できるであろう。

本研究においては，大学生は流行という情報を主に，雑誌，テレビ，友人からの口コミという形で得ていることがわかった。特に，女子大学生の場合

は，友人からの口コミという情報が大きな影響力を持っていたことがわかった。また，男子大学生は恋人あるいはガールフレンドからの情報が影響をしていた。すなわち，恋人あるいはガールフレンドがいる者の方が，流行に関しての情報が豊富だったのである。さらに，流行に敏感であるのは，男子大学生よりも女子大学生の方が敏感であるという結果を得た。ただし，これは本研究が，ファッションを中心としているからである。これがパソコン，車，ゲームという範疇であれば，必ずしもそれらの流行に女子大学生が男子大学生よりも敏感であるとは言いきれないであろう。このように友人，恋人，ガールフレンドという対人関係が流行を感じるときに，どのような影響があるのかが明らかになれば，そのようなターゲットを絞った商品開発も可能である。すなわち，特定のたとえば，ファッションという分野でも，誰がどのような形で流行という情報を得るのかが明確になれば，そのターゲットに向けての販売促進が可能になる。

　消費者にとっては，同じ消費者である若い世代の感じ方や関心を知ることができる。また，若い世代に限らず，流行するモノあるいはしているモノにある背景を知ることは社会の傾向をよみとることになる。もしもそれらが危険な傾向を示せば，警告を発することもできる。流行という情報がどのように流れているのかを知ることは，消費者にとっては，情報そのものの流れを知ることにもなる。それは，今後の教育問題を考えるうえでも，また日常の生活向上を考えるうえでも役に立つことであろう。

［注］
1)　新村出編『広辞苑』岩波書店，2692頁，1991年第4版第1刷。
2)　角田政芳編『知的財産権小六法』成文堂，vi，615頁，1997年の，158頁の一部を引用すれば，商標についての説明は以下のとおりである。
　　「商標法第2条　この法律で「商標」とは，文字，図形，記号若しくは立体的形状若しくはこれらの結合又はこれらと色彩との結合（以下「標章」という。）であって，次に掲げるものをいう。
　　一　業として商品を生産し，証明し，又は譲渡する者がその商品について使用を

するもの
二　業として役務を提供し，又は証明する者がその役務について使用をするもの（前号に掲げるものを除く。）
2　この法律で「登録商標」とは，商標登録を受けている商標をいう。」

第1章
流行に関するフレームワーク

1. 現在の流行のとらえ方

　「流行」という言葉の意味は何か。序章で述べたように，一般的には，「①流れ行くこと。②急に或る現象が世間一般にゆきわたること。特に，衣服・化粧・思想などの様式が一時的にひろく行われること。はやり。③（芭蕉の用語）不易流行（ふえきりゅうこう）参照。」[1]とある。ここから，「流行」とは世間一般の現象であり，きっかけがあって，ある一時期に多くの人々に広く受け入れられたスタイルや考え方なのであると解釈ができる。

　さて，神山は流行を「ファッションつまり流行は，ダイナミックな集合過程である。新しいスタイルが創造され，市場に導入され，大衆によって広く受け入れられるようになるのは，このような集合過程を通してである。個性と同調，また自己顕示欲求と所属欲求といった個人にとっての両面的価値と，そのいずれの価値をどの程度重視するかは，ファッションにどのようにかかわるか，すなわち流行事象への関与のレヴェルをどの程度にするか，あるいはファッション・トレンドとどの程度の距離をおくかなどを決める要因になる。」[2]と説明をしている。ここから流行は，情報であると解釈できる。流行という情報の受け入れ方は，個性といかに同調させるかという個人の判断となる。すなわち，自己主張と共に，同調あるいは模倣するという相反する行為になる。それについては，ドイツの社会学者であるジンメル (Simmel,

9

Georg 1858-1918)が「流行」に関しての論文(1911年)の中で2つの仮説として発表した[3]。すなわち,ジンメルの論文には流行というものは,自己を主張して社会をはじめ他者とは同調しない部分と,逆にあるものを受け入れて,他者との同調である部分があるという2つの仮説が存在すると述べている。その仮説を中島は次のように解説している。「両仮説では,流行は人々にとって他者に同調する欲求と同時に,他者との区別や差異化の欲求も満たす,と彼は考えた。簡単にいえば,他者への同調と非同調の欲求が同時に存在し,かつ満足させられるというわけである。」[4] すなわち,流行を受け入れるか否かという時点での現在でも通じる葛藤を,すでにジンメルは20世紀のはじめに論文として世に問いかけていたのである。

2. 流行に対する考え方の基礎

ジンメルが述べた2つの仮説は両価説ともいう。これは前述したように,流行には,他者に同調したいという意識,模倣という行動と自己顕示,自己表現という意識・態度の2面性が内在するということである。このようにジンメルは流行というものの考え方の大枠を示したのである。もちろん,有名なトリクルダウンセオリーは,ファッションという流行が階層的に広がるということを説明した理論である。すなわち,王侯貴族から豊かな商人へそして一般市民へ,最後に貧民へと衣服という物資と共に流行が伝播するという説である。これは,現在で言えば,流行に敏感な一部の若者(オピニオンリーダー)から,多くの若者に広まり,それが年齢を超えて広まり,やがて一番流行には疎い高齢者層やミドル女性層に広まるということに似ている。

先にジンメルについて述べたが,その他にも流行に関する考え方の基礎をなした理論が数多くある。ここではその中で,ジンメルと同じ時代にあたる学者を紹介する。

ひとりは,ル・ボン(Le Bon, Gustave 1841-1931)である。彼は,フランスの社会心理学者で,主に医学分野の感染の概念を心理の概念として取り入

第1章 流行に関するフレームワーク

表1-1 流行研究のもとになる説（19世紀末〜）

- ル・ボン（Le Bon, Gustave 1841〜1931）フランスの社会心理学者
  感染説：暗示→感染→模倣
- タルド（Tarde, Jean Gabriel 1843〜1904）フランスの社会学者
  模倣説：模倣が流行のメカニズム
- ジンメル（Simmel, Georg 1858〜1918）ドイツの社会学者
  両面説：流行は同調と非同調の両面
  トリクルダウン説：流行の滴下効果

れた。特定の感情が病気と同様に感染していくように広がるところを流行と見なしたのである。これは群集心理としても説明されている。中島は「ルボンの感染説は、群集の心理が暗示→感染→模倣という三段階で生じる」と解説している[5]。感染という言葉が示すように、流行は一時的に熱狂する対象であるのかもしれない。それは、まさに感染するという病的な状態に似ているのであろう。

もうひとりは、タルド（Tarde, Jean Gabriel 1843-1904）である。彼はフランスの社会学者であり犯罪学者であった。彼はル・ボンの模倣という概念をさらに社会行動としての流行に当てはめたのある。これらの流行研究のもとになる説を表1-1にまとめた。

模倣は自己主張をしながらも他者に同調し、そこでの判断基準を持ちながら、個人的なものであると言えよう。たとえば、ピンク色が流行した時に、何にピンク色を使うのかというのは個人の判断基準である。スカートでも、カーディガンでも、パンツでも用いることは可能である。また、バッグでも靴でもアクセサリーでも構わない。そこで、個人の判断基準とセンスが問題になる。何から何まですべてをピンク色で統一するというのはいかがなものかと判断した場合、何を選択するのかは個人の価値である。そして、その個人の価値は社会的な価値からも影響を受けていると言えよう。たとえば、流行に対して不安な要素（本当に良いかどうかの判断がつかない場合等）があった場合、その流行を批判をしたり、あるいは他者がどの程度、その流行を認知しているのかによって、自分自身がどうするのかを判断する。そこに先ほ

ど述べた同調する気持ち（同調意識）が働けば，流行を受け入れ，流行への期待も高まるであろう。そして流行への期待を持ち，それを受け入れるという行動は個人の判断のみならず，対人との関係にも影響を与える。これらの流れを図1-1にまとめた。

　ここで上記のようなジンメルのトリクルダウンセオリーをはじめ，ヨーロッパの18〜19世紀に唱えられた説が流行の研究として，どのような学問へ波及していったのかをイメージ図として図1-2に簡単に示す。ただし，これは簡単なイメージ図であるので，各線の距離や学問同士の距離，面積には特別な意味はない。

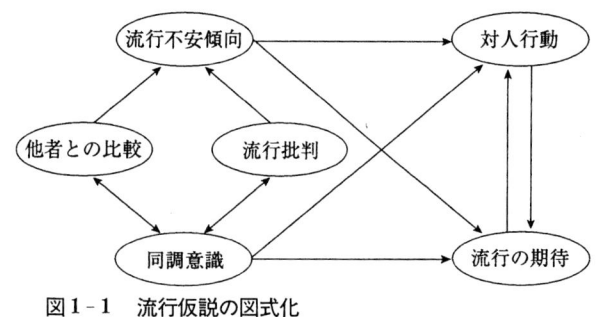

図1-1　流行仮説の図式化

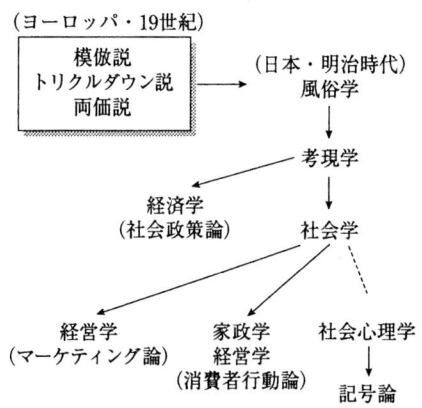

図1-2　ヨーロッパから日本へ入ってきた「流行」の研究

3. 流行とファッションとの関係

　上記に神山が流行をファッションとしてとらえたことを述べた。これは神山だけではない。中村の本の中に次のような一節がある[6]。「1998年3月に、息の長い作業の邦訳『マラルメ全集』の第Ⅲ巻「言語・書物・最新流行」（渡辺・清水・与謝野他訳，筑摩書房）が刊行された。（中略）たいへん興味深いのは，マラルメが（最新流行）に対してきわめて敏感なことである。もっとも，第Ⅲ巻の副題「言語・書物・最新流行」のなかにある（最新流行）というのは，理論的に（流行）を扱ったものではない。そうではなくて，服飾を中心とする実際の流行を扱ったモード通信誌（実質的には彼が編集した）の名前なのである。」ここでも、流行が服飾であり、それは理論ではなく、実際のモードを扱ったことが記されている。現在でもアンアン，ノンノ，キャンキャン，スプリング，カジカジ（ここでは雑誌名はすべてカタカナ表記した）等多くのファッション雑誌が出版され，その中では服飾が流行として紹介されている。

　流行を受け入れるということは感性的に認めるということである。しかし、感性（センス）は人それぞれで千差万別であると思われているであろう。もちろん、感性は人との差が大きいものかもしれない。そこで長町は感性と工学とを結びつけて、消費者は自分自身の感性に訴えるものを商品に求めているのだという仮説のもとで、それを、たとえばデザイン・カラー等で開発商品として企業が応える必要性を説いている[7]。長町は感性を数値化し、比較可能なものにしている。例として著書の中で、コーヒーカップの研究（奈良女子大学）を紹介している。それはコーヒーカップの分類基準（形・色・模様からなる）を作り、それらを調査対象者に、イメージ形容詞[8]によって評価させる。その評価させたデータを解析したうえで、因子別にみた要因の偏相関係数によって比較した[9]。本書においても、第2章以降は因子分析等を用いて、流行に対する考え方を数値化している。数値化することによっ

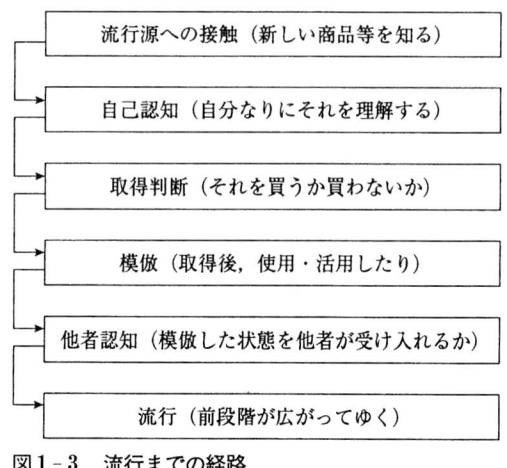

図1-3 流行までの経路

て，比較することができるからである。

　ファッションも感性（センス）が重要な役割を担っていると言えよう。そのような中で，ある一定の時期に流行があるということは，人々の感性と商品が一致していると言えるであろう。また，流行が伝播するように自己の中でも流行を受け止めるまでには，さまざまな経路がある。この経路を図1-3に示した。最初に，流行源への接触がある。次に自分なりにそれを理解する必要がある。それが自己認知の状態である。さらにそれを受け入れるのか，たとえば商品ならば購入するのかあるいは製品ならば使用するのかという判断が必要である。そして，受け入れた後，ファッションならば，服の着こなしのように模倣することもあるであろう。そして模倣した状態を他者がどのように評価するのかという段階がある。それが多くの他者が受け入れることによって，そこからもまた，流行として伝播していくのである（図1-3）。

　さらに流行はその国の歴史，文化にも影響を受けている。また，時代の流れだけではなく，消費者として与えられている環境，これは大きな意味での生活環境であるが，そこからも影響を受ける。また，企業が生産する商品，製品を含めて，売買するビジネス環境からも影響を受けるのである（図1-4）。このように流行はそれがひとり歩きすることはない。環境の中に生ま

第1章 流行に関するフレームワーク 15

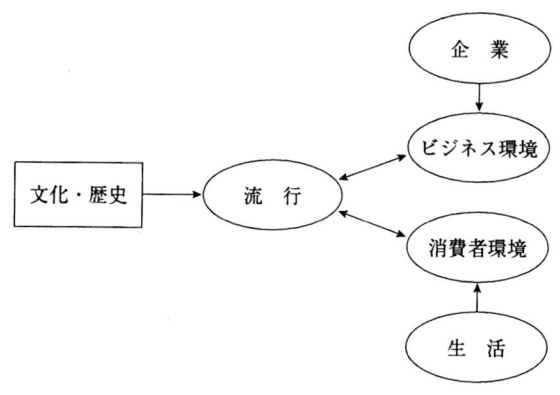

図1-4 流行と理想

れてくるものである。

　さて，次章（第2章）以降，主に実証研究の成果と共に，流行について考えていく。最初に2章では，最初に流行を認知する者としない者に分類をして，特に流行を認知する者の特徴を明らかにしていく。それによって，流行を認めるとはどういうことなのかが明確になるであろう。また，後章では流行に関して，男女の比較も行なう。その流行自体がどのような形で伝播されているのかも質問票を用いて調査をしている。さまざまな切り口でそれぞれの章が独立した形で結論を出している。よって，読み手は自由に興味のある章から選択して読まれても，各章が一話完結となっている。

［注］
1）　新村出編『広辞苑』岩波書店，2692頁，1991年第4版第1刷。
2）　久世敏雄／斎藤耕二監修『青年心理学事典』福村出版，310頁，2000年。この中の第II部青年理解のためのキーワード，5ファッション，神山進著を引用した。また，同頁には「ファッションは，自己の確認や強化，変身願望の充足，創造の楽しみ，身体的・外見的欠陥の補償，身体的・外見的魅力の向上，周囲への同調，社会的役割への適合，男らしさや女らしさの自覚や表現，などといった社会・心理的効果ももっている。ファッションは，これらの効果を通して，自己表現や対人行動を促し，また個人の自信や自己充足感といった心の健康に大きく貢献している。」と説

明している。
3） Simmel, Georg 1991, Philosophische Kultur.gesammelte Essais. 円子修平／大久保健治訳『文化の哲学』（ジンメル著作集7），白水社，34頁。なお，著者はこの論文に関しては，文化の哲学でしか確認していない。
4） 中島純一『メディアと流行の心理』金子書房，67-68頁，1998年を引用。
5） 中島純一，上掲書，51頁。
6） 中村雄二郎『正念場―不易と流行の間で―』岩波新書608，125-128頁，1999年参考。Ⅳ電子メディアの時代　2マラルメと電子メディアという一節から引用した。
7） 長町三生『感性工学―感性をデザインに活かすテクノロジー―』海文堂，v，138頁，1989年参考。
8） 上記7）上掲書，8頁。表1.2 使用されたイメージ形容詞（SD法）を以下に挙げる。

評定項目

1	曲線的	―	直線的
2	落ち着いた	―	落ち着かない
3	陽気な	―	陰気な
4	軽やかな	―	重厚な
5	すっきりした	―	ごてごてした
6	持ちやすそうな	―	持ちにくそうな
7	つり合いのとれた	―	つり合いのとれない
8	親しみやすい	―	親しみにくそうな
9	きゃしゃな	―	丈夫な
10	温かそうな	―	冷たそうな
11	はでな	―	地味な
12	上品な	―	下品な
13	飲みやすそうな	―	飲みにくそうな
14	うまそうな	―	まずそうな
15	目新しい	―	平凡な
16	かわいい	―	かわいくない
17	個性的	―	一般的
18	趣味的	―	実用的
19	よい	―	わるい
20	好き	―	きらいな

9） 上記7）上掲書，5-12頁。

参考文献
1) 久世敏雄／斎藤耕二監修『青年心理学事典』福村出版, xiv, 519頁, 2000年。
2) 中島純一『メディアと流行の心理』金子書房, vi, 215頁, 1998年を引用。
3) 長町三生『感性工学―感性をデザインに活かすテクノロジー―』海文堂, v, 138頁, 1989年。
4) 中村雄二郎『正念場―不易と流行の間で―』岩波書店, xi, 206頁, 1999年。

第2章
流行を認知する大学生と認知しない大学生との比較

1. 緒言

　本章の目的は，大学生（男女）のうち，どのような大学生が流行を認知するのかを明確にすることである。また，認知する大学生と認知しない大学生がどのように違うのかも明らかにする。

　流行に関しては第1章で述べたとおり，神山が「ある一定の時期に，社会の中のかなり多くの人々が，目新しいと考えて模倣（コピー）している考え方，表現の仕方・振舞い方のことを流行と呼ぶ」と説明をしている[1]。認知に関しては，一般的には次のとおりである。「①事象についての知識をもつこと。広義には知覚を含めるが，狭義には感性に頼らずに推理・思考などに基づいて事象の高次の性質を知る過程。」[2]である。すなわち，知識として知り，それらの性質を判断することであると言えよう。

　この第2章では，大学生たちの中でどのような特徴を持った者が，流行に敏感であるのか，流行を受け入れるのか，流行を認めるのかを明らかにするのである。そして，それらを明確にしたうえで，流行を認知しない大学生と比較する。

　なお，流行に関しては神山が3つの特徴があることを指摘している。それらは「流行の採用には特に強い社会的圧力や強制は伴わない」，「流行という名の下に提示される規準は，常に目新しさを伴う」，「十分に長続きするもの

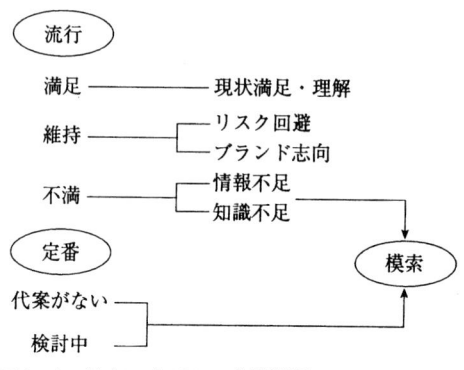

図2-1 流行と定番との意識関係

ではなく，比較的短期間に消滅する」である[3]。

　流行に対する概念としては定番がある。流行には満足，たとえば現状満足・理解がある。また維持，たとえばリスク回避やブランド志向がある。そして，不満，たとえば情報不足，知識不足がある。ここから個人は模索するのである。これに対して，流行には乗らない人々，定番にいる人々を次のように考えることもできるのではないであろうか。たとえば，定番にとどまるのは代案がないので模索しているから，その間，定番である。または，何かを検討中で何かを模索するということも考えられる。これらをまとめて図2-1に示した。これを流行と定番との意識関係とした。

　流行はいつまでも流行にとどまることがなく，それ自体が定番なことがある。たとえば，ルイ・ヴィトンのようなブランドは流行でもあるが，昔からの顧客を抱えており，彼らにとっては定番なのである。最初は誰しも無知である。そこにオピニオン・リーダーがある情報を提供し，それを認知するのである。しかし，認知はしてもそこには，おのずと関心のある者と関心のない者（無関心）とに分かれる。ここで関心を持った者が選択をして，好きか嫌いかという自分の感性，センスに照らし合わせるのである。そして，好きになった者がそのものにロイヤリティを感じ，定番化していくのである。この流れを図2-2に示した。

第2章 流行を認知する大学生と認知しない大学生との比較　21

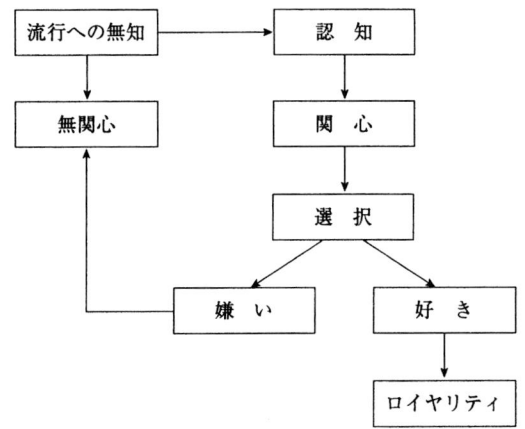

図2-2　流行の意思決定モデル

　さて，本章においての「流行」としては男子大学生あるいは女子大学生が流行として掲げたファッションや現象または雑貨の範囲とした。たとえば，男子大学生が女子大学生の流行として挙げたものには，茶髪（ちゃぱつ）：髪の色を茶色や栗色に染めていること，ガングロ（顔黒）：顔を化粧で黒くメイクすること，厚底ブーツ：靴の底が高くなっているもの，蛇革：蛇の革の模様の入った服やアクセサリー，バッグのことなどがある。ただし，ガングロに関してはどちらかと言えば，一般的には女子大学生よりも女子高校生の流行である。しかしながら，予備段階の調査において，ガングロを女子大学生の流行として回答した男子大学生が多かった。そこで本章においては，調査結果に忠実に従い，ガングロも女子大学生の流行の中に含むこととした。質問文には，「大学生の流行について」ということを明確にはしているが，回答した男子大学生たちには，女子の一般的な流行を回答したものが多かったと推察できる。これは，女子大学生と女子高校生を彼らが明確に区別して見ているわけではなく，世の中の一般的な流行として，女子を見ていることの現われであると推察する。女子大学生が挙げた女子大学生の流行については，男子大学生よりも化粧品やアクセサリー，食品など種類も豊富であった。また，ブランド名も記されており，等身大の流行を的確に得ている

傾向にある。しかしながら，男女の共通した部分での流行ということを求めた場合，上記に述べたとおり，本章で扱う対象は，ファッションや現象または雑貨の範囲となった。

2. 調査方法

(1) 予備調査（集合調査法・自由に記述）

調査期間は2000年3月中旬であった。調査対象は20歳以上22歳以下の男子大学生36人と女子大学生40人である。彼らは主に兵庫県の私立大学に在籍している3回生を中心としたメンバーである。そこで，男女それぞれ各1つのへやに集まってもらい，調査の主旨を説明した（集合調査法）。その後，ひとりずつに「流行について知っているものをすべて書きなさい」という具体的な指示をした。また，記載にあたっては，ブランド名，商品名，メーカー名もわかる範囲で，なるべく詳しく書くことを要求した。すなわち，男子も女子も含めて「最近のファッションの流行について，あるいはファッションにとどまらず，何が流行していると思うか，そのものについて書きなさい」という指示を与えた。これらはすべて複数回答を認めている。

(2) 予備調査結果
① 男子大学生が知っている流行について

男子大学生の36人すべての調査対象が流行として記述したものは，ガングロ，蛇革，ピンク色，茶髪，スキンジュエリー，ビーズアクセサリー，ミュール[4]，厚底ブーツ，ハイソックス[5]，カーディガン，ルイ・ヴィトン，桃の天然水（桃のエキスが少量入っている飲料水），なっちゃん（サントリーの発売しているみかん味系の飲料水）であった。男子大学生の最低回答数は1で，最高回答数は12であった。

36人すべての者が回答したものではないが，比較的多くの者が回答したものもある。たとえば，ｉモード，アサヒスーパードライ，アメ車（車），

サッカー，バイク，パソコン，資格，10代の犯罪，かのう姉妹，リサイクル，プレステが挙げられた。

② 女子大学生が知っている流行について

女子大学生の40人すべての調査対象が流行として記述したものは上記以外には，

ガルニシア[6]，ヴィーダインゼリー，美白化粧品，ラメ，アナスイ，発泡酒，ダイエットコーラ，生茶，アジアンテイスト，ブルボンプチシリーズ，ひまわりチョコ，ユニクロ，ブーツ，ファー[7]，あゆ（浜崎あゆみ：歌手），ポルノグラフティー（3人組のバンド），モーニング娘であった。女子大学生の最低回答数は7で最高回答数は34であった。

40人すべての者が回答したものではないが，比較的多くの者が回答したものもある。たとえば資格，iモード，インターネット，パソコン，エステ，ダイエット，占いサイト，スプリングコート，スーツ，カーディガン，ピンク色，きれい色，ブランドバッグ，6大ブランドのグッツ，リンク，ウイッグ，熟年離婚，パラパラ，ドラマ，プレ・モダン，フリーマーケット，ガーデニング，未来日記，ノンノ，スプリング，70年代であった。

男女を比較してみると，女子大学生の方が流行に対する範囲が広いと言えよう。また，流行の中にプレス[8]，ソムリエ[9]といった職業を回答した女子大学生もいた。ソムリエはドラマにもなっており，テレビの影響も考えられる。また，資格に対する憧れもあるかもしれない。同様にパラパラ（ダンスの名称）や未来日記（男女の模擬恋愛番組）はテレビ番組の影響であろう。また，ノンノ，スプリングはファッション雑誌，情報雑誌である。このように特に女子大学生は，テレビや雑誌から流行というものを知ることが考えられる。さて，流行の情報源を直接的接触と間接的接触に分けて考えることができる。図2-3に示したとおり，個人には2つの情報源があり，そのどちらからも流行という情報が流れていると考えられる。また，2つに分けない状態であるならば，単に流行を知る状態として図2-4に示した。いずれにせよ，個人を取り巻く環境として，情報源が存在しているのである。

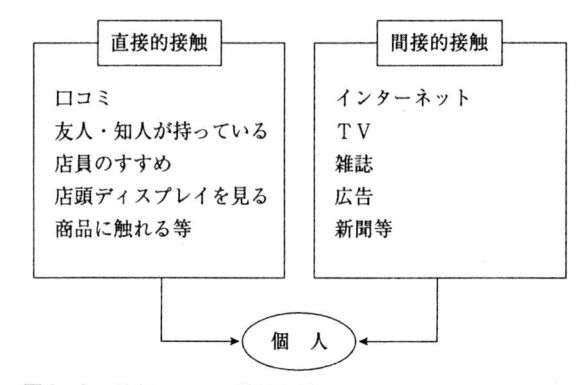

```
┌─ 直接的接触 ──────────┐   ┌─ 間接的接触 ──────┐
│  口コミ                │   │  インターネット    │
│  友人・知人が持っている │   │  ＴＶ              │
│  店員のすすめ          │   │  雑誌              │
│  店頭ディスプレイを見る │   │  広告              │
│  商品に触れる等        │   │  新聞等            │
└────────────┬───────────┘   └─────┬──────────────┘
             └──────→ 個 人 ←──────┘
```

図2-3　流行の2つの接触経路

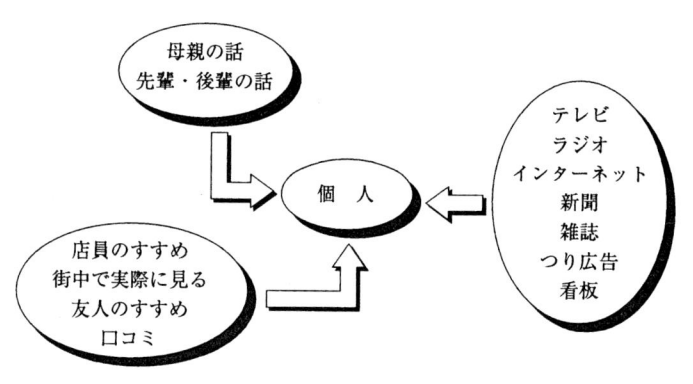

```
   ┌母親の話       ┐
   │先輩・後輩の話 │                ┌ テレビ        ┐
   └───────────────┘                │ ラジオ        │
            ↘                       │ インターネット│
              個 人  ←──────────   │ 新聞          │
            ↗                       │ 雑誌          │
   ┌店員のすすめ   ┐                │ つり広告      │
   │街中で実際に見る│               └ 看板          ┘
   │友人のすすめ   │
   │口コミ         │
   └───────────────┘
```

図2-4　流行を知る情報源

　この予備調査の結果を見ると，男子大学生よりも女子大学生の方が流行についての回答数が多く，流行の範囲についても多岐にわたっての回答を得られた。そこで本調査以降，その結果においても，女子大学生と男子大学生とに分けて，考察していくこととする。なお，流行に対する男女の比較はここではなく後章で行なう。本章では，男子大学生内で，流行を認知する者と認知しない者に分ける。また，女子大学生内で，流行を認知する者としない者に分けることとする。

(3) 本調査（集合調査法・郵送法・選択式）

調査期間は2000年4月上旬から4月下旬であった。調査対象は18歳以上25歳未満の女子大学生800人と男子大学生800人の合計1600人とした。この1600人は主に兵庫県，大阪府，京都府在住の者である。回収人数は1102人で68.9％の回収率であった。この回収率の高さは授業内での配布，回収という集合調査法を一部に用いたためである。遠方の者のみ郵送法を用いた。本調査の目的は，本調査から得た男子大学生と女子大学生の流行に関する認知度と流行を認知している者としていない者を比較することである。

最初に男子大学生の中で，流行を認知する大学生としない大学生との比較を行なう。次に女子大学生の中で，流行を認知する者としない者とに分類す

項　目	カテゴリー	カテゴリー数
①アルバイト	している，していない	2
②世帯年収	800万円未満，800万円以上1000万円未満，1000万円以上1200万円未満，1200万円以上	4
③年齢	18, 19, 20, 21, 22, 23, 24	7
④満足度数	している，していない	2
⑤ウインドウショッピング	好き，嫌い	2
⑥外出頻度	週2日以下，週3日以上	2
⑦バーゲン	行く，行かない	2
⑧衣服のセンス	ある，ない	2
⑨値段	詳しい，詳しくない	2
⑩流行	敏感，鈍感	2
⑪雑誌の月間購入数	毎月購入する，毎月は購入しない	2
⑫新聞の購読時間	1日20分未満，20〜40分未満，40分以上	3
⑬テレビ視聴時間	1日2時間未満，2〜3時間未満，3時間以上	3
⑭友人と接触時間	週2時間未満，2〜3時間未満，3時間以上	3
⑮ラジオ利用時間	1日30分未満，30〜1時間未満，1時間以上	3
⑯ブランド	気にする，気にしない	2
⑰好きなブランド	ある，ない	2
⑱恋人・ガールフレンド	いる，いない	2

（注）カテゴリー数とはその左の欄のカテゴリーの内容の数である。たとえば，最下段の⑱恋人・ガールフレンドという項目のカテゴリーは「いる」と「いない」の2つである。恋人あるいはガールフレンドがいるのか？　という質問に「いる」あるいは「いない」と回答するわけである。ここで回答の選択は「いる」「いない」の2つであるから，カテゴリー数は2となる。

る。そのために，上記の同じ調査対象に流行を認知する，しないを目的変数とした。説明変数は18項目とした。18項目を前頁に一覧表とした。なお，これらの項目は，筆者のブランドを念頭に置く消費者の特徴を解明した時の15項目とほぼ同じものを使用した。なぜならば，ブランドを念頭におく者と置かない者を分類した折の結果として，被服の購入時にブランドを念頭に置く者は，雑誌をよく見る，自分のセンスを評価している，テレビをよく見る，流行に敏感である，友人とよく話すというような特徴があった。これらの特徴は，流行にふれる，流行を得る情報源に近いからである。そこで，ここでは15項目を用いたうえで，そこに修正をした18項目を用いることとした。

3. 分析方法（数量化II類）

数量化II類を用いた。数量化はある定性的なデータを定量化する手法である[10]。その中での数量化II類は特に「質的な形で与えられた外的基準を質的な要因にもとづいて予測あるいは判断する方法である。」[11] これは判別分析とよく似ている。判別分析の定性データの延長あるいは拡張であるとも考えられる。

ここでは，目的変数に「流行を認知するか認知しないか」を用いた。認知する，認知しないという2つのパターンに調査対象者を分類するためである。そして上記の18項目を説明変数として用いて，男女それぞれを流行を認知する者と認知しない者に分類したうえで，各々の特徴を示すこととした。

4. 結果・考察

(1) 数量化II類からの結果
① 男子大学生の場合（影響を与える4項目）

流行を認知するか認知しないかというのは何が決定する要因であるのかを調べるために数量化II類を用いた。この何が決定するのかという何がという

部分を今回は18の項目で測定した。その結果，流行を認知するか認知しないかに大きく影響を与える項目が18項目のうち，4つの項目で見られた。4つの項目とは，以下のとおりである。

⑩流行に敏感か鈍感か，⑪雑誌を毎月購入するか購入しないか，⑰好きなブランドがあるかないか，⑱恋人・ガールフレンドがいるかいないか。

すなわち，流行に敏感で，雑誌を購入する。そして好きなブランドがあり，恋人・ガールフレンドがいる者である。

その他の項目については，表2-1の上記4つの次から説明すると，アルバイトをしている者で，生活の満足度の高い者，ブランドが気になる者，テレビの視聴時間の長い者，ウインドショッピングの好きな者，外出頻度の高い者，バーゲンに行く者，衣服のセンスがある者，値段に詳しい者，友人との接触時間の長い者，ラジオの利用時間の長い者，世帯年収の高い者，年齢の低い者，新聞の購読時間の長い者の方が流行を認知する者であった。

ただし，流行を認知するか認知しないかに影響を与えていない項目が18項目のうち，3つの項目で見られた。3つの項目とは，以下のとおりである。②世帯年収，③年齢，⑫新聞の購読時間の長短。これらの項目はいずれも0.05以下の数値であった。

ここでは基本的生活属性（世帯年収や年齢）は，流行を認知するか認知をしないかということに，あまり影響を与えていないということがわかった。たとえば，筆者の研究のひとつであるブランドを念頭に置く者と置かない者との差にも基本的属性には影響を与えていなかった。ブランドや流行に対しては，世帯年収や年齢は問題にならない項目であることがわかった。

これら説明変数の基準はレンジである，その項目（本章では18の項目）が流行についていかに影響を与えているのか影響をしないのかということを知るには，レンジの持つ固有の値の大小を比較するしかないのである。そこでレンジの一覧表を表2-1に挙げた。なお，ここで用いた数量化II類という分析自体の精度は78.8％であった。一般に分析の精度は75％を超えるものがよいとされている。判別的中率は0.03であった。また，容認する者としない

表2-1 目的変数（認知する，しない）に対する各説明変数のレンジ（男子大学生）

項　　目	レンジ
⑩流行	0.67
⑪雑誌の月間購入数	0.64
⑰好きなブランド	0.54
⑱恋人・ガールフレンド	0.52
①アルバイト	0.48
④満足度数	0.40
⑯ブランド	0.32
⑬テレビ視聴時間	0.30
⑤ウインドショッピング	0.27
⑥外出頻度	0.25
⑦バーゲン	0.24
⑧衣服のセンス	0.20
⑨値段	0.18
⑭友人と接触時間	0.14
⑮ラジオ利用時間	0.10
②世帯年収	0.05
③年齢	0.03
⑫新聞の購読時間	0.01

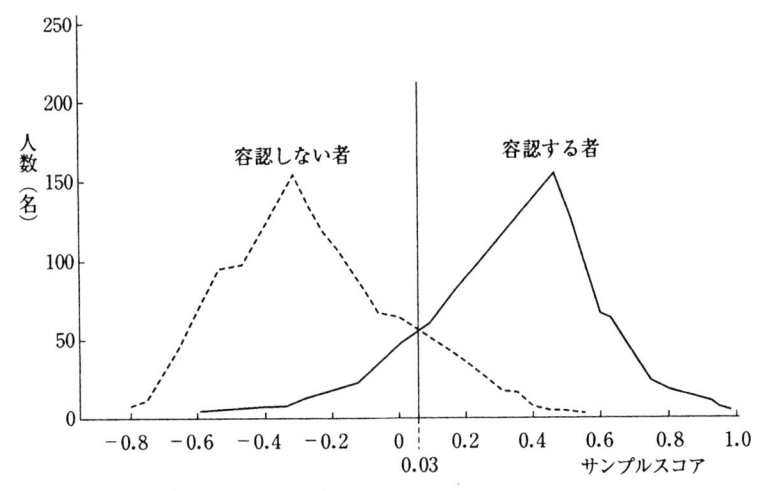

図2-5 流行を容認するか否か（男子大学生）

第2章 流行を認知する大学生と認知しない大学生との比較　29

者との関係を図2-5に示した。

② 女子大学生の場合（影響を与える6項目）

その結果，流行を認知するか認知しないかに大きく影響を与える項目が18項目のうち，6つの項目で見られた。6つの項目とは，以下のとおりである。

⑩流行に敏感か鈍感か，⑪雑誌を毎月購入するか購入しないか，⑰好きなブランドがあるかないか，⑬テレビ視聴時間の長短，⑭友人と接触時間の長短，⑯ブランドを気にするか気にしないか。

すなわち，流行に敏感で，雑誌を購入する者が流行を認知している者ということになる。また，好きなブランドがあり，テレビの視聴時間が長く，友人との接触時間も長い者，ブランドを気にする者が，どちらかと言えば，流行を認知する者なのである。上記の6項目は0.50以上の数値であった。

表2-2　目的変数（認知する，しない）に対する各説明変数のレンジ（女子大学生）

項目	レンジ
⑩流行	0.68
⑪雑誌の月間購入数	0.64
⑰好きなブランド	0.59
⑬テレビ視聴時間	0.55
⑭友人と接触時間	0.52
⑯ブランド	0.50
⑨値段	0.40
⑱恋人・ガールフレンド	0.38
①アルバイト	0.34
⑧衣服のセンス	0.28
⑤ウインドショッピング	0.24
⑥外出頻度	0.20
⑦バーゲン	0.18
④満足度数	0.12
⑮ラジオ利用時間	0.06
③年齢	0.03
②世帯年収	0.02
⑫新聞の購読時間	0.01

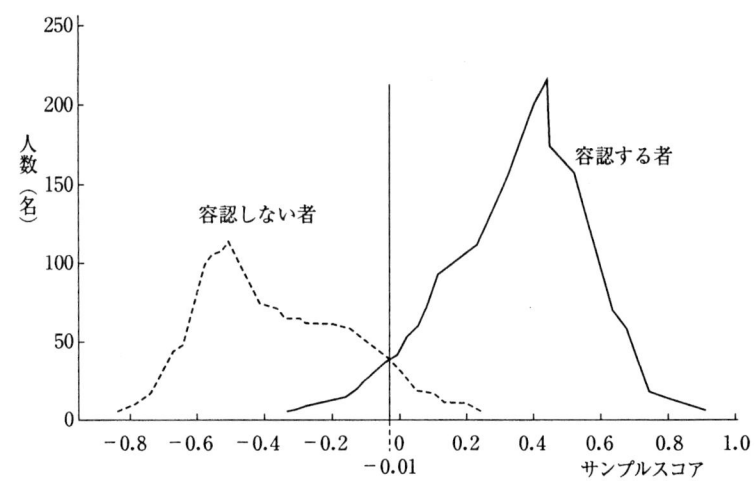

図2-6 流行を容認するか否か（女子大学生）

　一方，流行を容認するか容認しないかに影響を与えていない項目が18項目のうち，4つの項目で見られた。4つの項目とは，以下のとおりである。
　②世帯年収，③年齢，⑫新聞の購読時間の長短，⑮ラジオ利用時間。
　これらは0.06以下であった。ここでも基本的生活属性（世帯年収や年齢）はあまり影響を与えていないということがわかった。女子大学生の場合にも，ブランドを念頭に置く者と置かない者との差にも基本的属性には影響を与えていなかった。ここでも，世帯年収や年齢は問題にならない項目であった。
　なお，この分析自体の制度は79.3％であった。判別的中率は－0.01であった。レンジの一覧表を表2-2に掲げた。また，認知する者としない者との関係を図2-6に示した。

(2)　**考察**
①　**男子大学生（流行を認知する者の特徴）**
　流行を認知する男子大学生は「⑩流行に敏感で，⑪雑誌を毎月購入し，自分自身にも⑰好きなブランドがある。そして，現在，⑱恋人・ガールフレン

ドがいる」という結果となった。このことから，お洒落な男子大学生で，ファッションにも女性にも興味があることがうかがえる。流行を認知するためには，流行に敏感で，今何が流行しているのかを知らなければならない。そこで，毎月，ファッション情報が入っている雑誌を購読することになるのであろう。最近の雑誌は，ファッション雑誌といえども，多くの情報（食事，車，ＴＶ番組，音楽，占い等）を盛り込んだものが多い。また，常に新しいもの，刺激的なものを探求しようという好奇心もうかがえる。また，恋人かガールフレンドがいることから，日々，女子大学生の流行にもふれる機会が多いことが考えられる。そして，女子大学生の中では何が流行しているのかということにも興味があるであろう。それは，恋人やガールフレンドと接していれば，プレゼントという形にもなるであろうし，彼女たちのファッションを身近に感じるからであろう。

　一方，流行を認知しない男子大学生は，流行に鈍感で，雑誌もあまり買わない者ということになる。特に好きなブランドもなく，恋人・ガールフレンドのいない者である。

②　女子大学生（流行を認知する者の特徴）

　流行を認知する女子大学生は「⑩流行に敏感で，⑪雑誌を毎月購入し，自分自身にも⑰好きなブランドがある。」ここまでは男子大学生と同じである。自分自身が流行に敏感でなければ，流行を認知することはむずかしいからである。しかし，女子大学生の場合には，さらに⑬テレビ視聴時間が長い，⑭友人と接触時間が長い（0.52）。⑯ブランドを気にするか気にしないか（0.50），という項目が加わっている。男子大学生と比較して，友人と接触時間が長い者が，流行を認知することから，女子大学生は友人との会話の中でも，流行（ファッション）の話題があると考えられる。また，流行を認知する者は，自分自身が好きなブランドがあるということのみではなく，ブランドを気にするということから，どこのブランドの製品なのかということも気になるようである。

　男子大学生においては，⑱恋人・ガールフレンドがいる者が流行を認知す

る者であったが，女子大学生においては，⑱恋人・ボーイフレンドがいるという項目は0.38で，順位も値段より下の8番目となっている。これは恋人・ボーイフレンドがいてもいなくても，女子大学生の場合は，流行を認知する，認知しないにはあまり関係があることではないと言えよう。すなわち，男子大学生は恋人やガールフレンドから流行を知るのであるが，女子大学生は恋人やボーイフレンドから流行を知るということが少ないのかもしれない。よって，大学生という年代では，男子よりも女子の方がファッションという範囲においての流行には敏感であると推察できる。

また，男子大学生は，生活に満足している者が流行を認知する者であるという生活満足度が0.40で，アルバイトをしている者の次の順位であったが，女子にはこの生活満足度という項目自体が0.12というレンジで，流行を認知する，認知しないには大きな影響がない項目であった。同様に，バーゲンに行く，行かないも流行を認知するあるいはしないということに大きな影響を与えない方の項目であった。このことから，生活の満足度やバーゲン，外出頻度，ウインドショッピングというものが，女子大学生には，流行を認知させるものではないということが考えられる。バーゲンなどは特に，流行の終わったものという感覚なのであろう。また，ウインドショッピングをして，流行を感じるよりも，雑誌やテレビの方が威力があるのかもしれない。この場合，販売促進[12]として女子大学生をターゲットとするならば，雑誌，テレビの活用が不可欠になってくるであろう。売り場のディスプレイも重要ではあるが，情報発信としての雑誌，テレビ，友人との口コミへのアプローチが必要であろう。

5. まとめ

(1) 男子大学生（認知する者としない者）

流行を認知するか認知しないかに大きく影響を与える項目が18項目のうち，大きな影響を与えるものは4つの項目で見られた。4つの項目とは，以

下のとおりである。

⑩流行に敏感か鈍感か，⑪雑誌を毎月購入するか購入しないか，⑰好きなブランドがあるかないか，⑱恋人・ガールフレンドがいるかいないか。

影響を与えないものは，以下の3項目である。

②世帯年収，③年齢，⑫新聞の購読時間の長短。

(2) 女子大学生（認知する者としない者）

流行を認知するか認知しないかに大きく影響を与える項目が18項目のうち，大きな影響を与えるものは6つの項目で見られた。6つの項目とは，以下のとおりである。

⑩流行に敏感か鈍感か，⑪雑誌を毎月購入するか購入しないか，⑰好きなブランドがあるかないか，⑬テレビ視聴時間の長短，⑭友人と接触時間の長短，⑯ブランドを気にするか気にしないか。

一方，流行を容認するか容認しないかに影響を与えていない項目が18項目のうち，4つの項目で見られた。4つの項目とは，以下のとおりである。

②世帯年収，③年齢，⑫新聞の購読時間の長短，⑮ラジオ利用時間。

(3) 流行に対する認知について

男子大学生よりも女子大学生の方がファッションや雑貨という範囲の流行には，敏感で認知する意識が強いということが推察できた。認知するということについても，女子大学生はテレビ，雑誌をはじめ，友人という回答があり，友人との話題もファッションをはじめとする流行のものが話題になっている可能性が男子よりも高いということが推察できる。

[注]
1) 神山進『衣服と装身の心理学』関西衣生活研究会，29頁，1990年を参照。
2) 新村出編『広辞苑』岩波書店，1974頁，1991年第4版第1刷。
3) 社団法人日本繊維製品消費科学会編『わたしにもできる消費者の情報調査』弘学出版，3頁，2000年。集合調査法とは「所定の場所に調査対象者を集めて，調査票

を配布し調査員が説明し，その場で回答を記入してもらう方法である。学校や会社などでよく用いられる方法である。回収率が高く，費用も安くてすむが，調査会場の雰囲気が回答に影響する可能性がある。」

4) ヒールになっているつっかけのような履物。
5) 今まで，だぶだぶしたルーズソックスの白が流行であったが，きっちりとした紺色系のハイソックスのこと。
6) ガルニシアはダイエットをするさいに食品などに含まれている成分。
7) 人工毛皮のこと，毛足の長いものの総称。
8) プレスとは「アパレル関係の取材窓口担当者を指す。(中略) マガジンハウス系雑誌などで自社製品紹介を顔写真入りでやってのけるプレス職」のことである。武田徹『流行人類学クロニクル』日経ＢＰ社，862頁，1999年の302頁下段を引用。
9) ソムリエとは，「レストラン等でワイン選びについて客の相談に乗る職業」である。ソムリエ資格は，「資格を取得する条件として，協会員になって3年以上か，飲食業で5年以上の経験が必要。筆記とテイスティングなどの試験がある。」武田徹『流行人類学クロニクル』日経ＢＰ社，862頁，1999年の286-289頁を参照。
10) 下記の説明は，田中豊／脇本和昌『多変量統計解析法』現代数学社，296頁，1990年の137頁，第4章数量化法の引用。

　　　数量化法とは「性別や職業あるいは5段階評価された成績といったような質的(定性的)な変数の各々のカテゴリーに数量を与え，身長や握力のようなもともと量的(定量的)に測定された変数の場合と同じように，多次元的な解析を行なう方法である。」
11) この部分の説明は，田中豊／脇本和昌『多変量統計解析法』現代数学社，296頁，1990年の151頁の引用。
12) 日本衣料管理協会刊行委員会編『マーケティング論』社団法人日本衣料管理協会，271頁，1990年，の227頁引用。「販売促進とは，ショップの販売活動を促進していくための様々な活動を指す。つまり，ショップの売上を高めていくための全ての活動が販売促進活動にあたる。販売促進活動について具体的にみると次の7つの活動が挙げられる。

　　　①ビジュアルプレゼンテーション②ＰＯＰ③ＤＭチラシ④プレミアムキャンペーン⑤イベントキャンペーン⑥行事関連キャンペーン⑦ファッションショー・フロアショー

参考文献

青木幸弘「消費者関与概念の尺度化と測定―特に，低関与型尺度開発の問題を中心とし

て─」商学論究, Vol. 38, No. 2, 129-156頁, 1990年。
石井淳蔵『ブランド─価値の創造─』岩波書店, 岩波新書634, iv, 210, 5頁, 1999年。
井手幸恵『ブランドと日本人─被服におけるマーケティングと消費者行動─』白桃書房, xi, 176頁, 1998年。
神山進『衣服と装身の心理学』関西衣生活研究会, 29頁, 1990年。
芝祐順『因子分析法』東京大学出版会, 16-24頁, 1979年初版。
社団法人日本繊維製品消費科学会編『わたしにもできる消費者の情報調査』弘学出版, vii, 107頁, 2000年。
武田徹『流行人類学クロニクル』日経BP社, 862頁, 1999年。
田中豊／脇本和昌『多変量統計解析法』現代数学社, 296頁, 1990年。
日本衣料管理協会刊行委員会編『マーケティング論』社団法人日本衣料管理協会, 271頁, 1990年。

第3章
流行に敏感である女子大学生の特性とそれに関する要因分析

1. 緒言

　女子大学生は，どの程度，流行に敏感であろうか，流行を気にしているのであろうか，または自分自身が流行に敏感だと思っているのであろうか。もしも，自分自身が流行に敏感であると思うのであるならば，その者たちは，何に影響をされているのであろうか。

　前章の第2章では，女子大学生を流行を認知する者と認知しない者とに分類し，比較して，どのような女子大学生が流行を認知しているのかということを明らかにした。

　本章では，これらの結果を踏まえたうえで，具体的に流行に敏感であるということに対するいくつかの素朴な疑問の中から，特に「流行に敏感であると自分自身が思っている者は，何に影響されているのか」ということに着目する。よって，本章では，調査対象を女子大学生とする。流行に関しては女子大学生のみならず，いろいろな年齢層において，敏感な者とそうではない者が存在するであろう。しかし，ここではアルバイトが自由にできて，自分自身で高価な商品でも購入できること，女子就労者と比較して，自由な時間が多いと推察できること，友人とのコミュニケーションの時間が多いことなどから対象を大学生とした。一般的に男子よりも女子の方が流行に関心が高いと考えた。これは前章の第2章の「2.　調査方法」という節で証明された

ことである。流行しているものを記述させても，その数，種類において女子大学生の方が男子大学生よりも回答数が多かったのである。

　本章の目的は，①女子大学生の中で自分自身が，流行に敏感であると思っている者はどのようなことを重視しながら，衣服を購入しているのか，また，②どのような影響を受けて，流行に敏感であると思っているのかを解明することである。さらに③流行をどのようにとらえ，またそれにどのように左右されながら，購買行動をとるのかを解明することである。

　流行と購買行動（消費者行動）を結びつけた研究には，流行自体のメカニズム，すなわち流行の形成に着目した中田／石垣の研究がある。それは消費者の態度の変化（原文では進化となる）と流行の接点から，消費者の行動を理解する糸口となる。具体的には中田／石垣は Axelord のモデルによって，消費者の態度をシミュレーションした。そして，「ファッション製品，流行が選択に影響を与える製品の選択には消費者間で社会的相互作用が行われ，自らの選好によって選択を行わない」と述べている[1]。このように，具体的に直接に製品から流行を研究としているものとしては「ポケベル」を扱った研究がある。これも，新しい流行に関して，その事象をポケベルという製品を通じて論じているのである[2]。流行と服装の結びつきを考えるうえで，流行自体を神山は「ある一定の時期に，社会の中にかなり多くの人々が，目新しいと考えて模倣（コピー）している考え方，表現の仕方・振舞い方のことを，流行と呼ぶ」と規定している[3]。このように神山は，流行の規定を主に社会とのかかわり（社会規範）の中での現象としている。流行と他の社会規範との違いについては，次のように述べている[3]。「①流行の採用には，特に強い社会的圧力や強制は伴わない，②流行という名の下に提示される規準は，常に目新しさを伴っている，③それはまた，十分に長続きするものではなく，比較的短期間に消滅する」このような3つの要因があるものが流行であり，他の社会規範との違いなのである。なお，ブランドと流行を混同しているイメージでとらえている者もいるが，前述の引用部分のように，ブランドと流行はイコールではない。本来，ブランドは商標のこと，トレー

ドマークである。ブランドは企業が，自社あるいは自社製品を売り込むために創ったのである。一般的なブランドの定義としては，「ブランド brand または銘柄。カテゴリーに属する他の製品（財またはサービス）と明確に区別する特性，すなわち名前，表現，デザイン，シンボルその他の特徴を持った製品」とされている[4]。それは，他社との違いをアピールするためである。ただし，ブランドは企業のみのものではない。この点について石井は「ブランドは国を超えて富の源泉となりうることを示しているからだ。つまり，ブランドはまさしく，企業ばかりではなく，国民経済にとっても富の源泉となりうる」[5]と述べている。

ところで，流行を気にせずにファッション商品を購入する大学生が多いという報告が行なわれた[6]。これは1998年5月14日付の繊研新聞社が掲載した記事の一部であったが，この掲載記事については阿部[7]をはじめ著者も疑問を感じている。もしも，大学生が「流行」を気にしないあるいは無視するのであるならば，千差万別なるファッションが街にあふれるであろう。しかし現実的には，ある種類の服，格好，素材が売れているのである。それは間違いなく，季節ごとにある傾向を示しているのである。これは，大学生が流行を意識しているためであろうと考える。

2. 調査方法（集合面接法・郵送法／女子大学生）

調査期間は1999年8月下旬～9月下旬であった。関西圏に在住の女子大学生（18歳～23歳）に質問票を郵送した。郵送しなかった者には，集団調査法を用いた。調査した人数は1000人である。このうち回収されたのは697票で，記述ミスのある25票を省いた結果，有効回答数は672となった。

調査対象品目は衣服のうちの外着とした。よって，水着やスキーウエア等の特定の目的で使用するスポーツウエア[8]やショーツやブラジャー等の下着は含まれない。スポーツウエアにおいては，実際にスイミングやスキー等のスポーツに親しんでいる者とそうではない者とに差があると考えたので省い

表3-1　調査票概要

(1) あなたは流行に敏感だと思いますか？　　はい　　いいえ
　　「はい」と回答された方に尋ねます。なぜ，そう思いますか？
　　回答例）雑誌をよく見るから，テレビをよく見るから
　　「いいえ」と回答された方に尋ねます。なぜ，そう思いますか？
　　回答例）あまりファッションには興味がないから，流行を気にしないから
(2) 服を買う時に流行を気にしますか？　　はい　　いいえ
　　「はい」と回答された方に尋ねます。なぜ，気にしますか？
　　回答例）流行自体に興味がないから，自分の気に入った定番があるから
(3) 服を買う時に何がどの程度，重要であると思いますか？　重要であると思う順番を
　　（　）の中に番号でお書き下さい。1番重要なものが1，2番目に重要が2，3番目
　　が3です。ただし，同順位をつけるのはおやめ下さい。1～9までの番号でお答え下
　　さい。
　　流行（　）　素材（　）　色・デザイン（　）　値段（　）　ブランド（　）
　　着ごこち（　）　似合う（　）　洗濯やアイロンが楽（　）　着ていく場所（　）
　　　次に重要か重要でないかと聞かれたら，どのように答えますか？　重要には○，重
　　要ではないには×をお付け下さい。必ず○か×をお付け下さい。
　　流行（　）　素材（　）　色・デザイン（　）　値段（　）　ブランド（　）
　　着ごこち（　）　似合う（　）　洗濯やアイロンが楽（　）　着ていく場所（　）
(4) 自分の方が友人よりも流行に敏感だと思いますか？　　はい　　いいえ
　　「はい」と回答された方に尋ねます。なぜ，そう思いますか？
　　回答例）ノンノ等の雑誌を友人よりもよく見るから，友人よりも服を多く持っている
　　「いいえ」と回答された方に尋ねます。なぜ，そう思いますか？
　　回答例）あまりファッションにはこだわらないから，友人よりもブスだから
(5) 今，流行している（鞄・小物を含む）は何かと聞かれたらどう答えますか？　好き
　　なように自由に答えてみて下さい。
　　回答例）革パン（品目），ピンク（色），プラダ（ブランド）など
(6) 今，好きな衣服（鞄・小物を含む）があればいくつでもお書き下さい。
　　回答例）ジーパン（品目），帽子（品目），プラスチックの指輪（素材），フェラガモ
　　　　　　の鞄（ブランド）
(7) いつも衣服を買う店（場所）やブランドはどこですか。または，買いそうな店（場
　　所），買いそうなブランドやすでに買ったブランドをいくつでも書いて下さい。買っ
　　たブランドを書く場合はここ2から3年くらいに買ったブランドをお書き下さい。
　　回答例）専門店，百貨店，ダイエー，通信販売，ミキハウス，セシール，シャネル等

た。また，ショーツやブラジャーにおいては，こだわりがある者とこだわりのない者，あるいは皮膚の弱い者，アトピーなどの理由で特別な素材の下着を着用している者がいることを考慮した結果，ここではスポーツウエア同様に省いた。

調査票においては，最初に「流行に敏感か否か」を尋ねた。また流行という要因が他の購買要因（価格，色，デザイン等）と比較しての重要性があるのか否かを質問事項として挙げた。これら以外の質問を含めて，調査票の概要は表3‐1に示した。表3‐1の質問項目を作成するにあたり，藤井／山口の「ファッション意識に関する調査項目」を参考とした[9]。なお，表3‐1には省いたが，フェイスシートの部分では，年齢，居住地域，通学場所，世帯年収，アルバイトの有無，こづかいの金額，通学時間，主に買い物へ行く場所（神戸三宮，大阪梅田，京都河原町等），通信販売を利用するか否か，特定のボーイフレンド（恋人）がいるか否か等を尋ねている。

3. 単純集計の結果（8つの質問に対する回答のまとめ）

有効回答数は672となった。ここにいくつかの主な質問に対して，それらの回答結果を挙げた。

(1) 「流行に敏感だと思いますか」という質問に「はい」と回答した者は63％，「いいえ」と回答した者は37％であった。このうち，流行に敏感であると思った理由は「テレビをよく見ているから」「雑誌をよく見るから」「いつも話題がファッションのことが多いから」「ファッションに関心がある」「ファッションやブランドが好きだから」「よくウインドショッピングをする」等が多かった。

なお，流行に敏感ではないと思った理由の中には「あまりファッションに興味がない」「流行を気にしない」「ブランドが嫌いである」「自分に似合う服がない」等があった。

(2) 「服を買う時に流行を気にしますか」という質問に「はい」と回答した

者は58％，「いいえ」と回答した者は42％であった。このうち，気にする理由としては「友人に時代遅れだと思われたくない」「友人に変な服だと笑われたくない」「恋人に嫌われたくない」「他人にダサいと思われたくない」「みんなと同じにしたいから」「時代に取り残されたくない」「流行が好きだから」等が多かった。一方，気にしない理由としては「自分が気に入ったものを買いたい」「流行を気にしなくてもそれなりに合ったものが良い」「自分で決めているスタイルの定番がある」「好みがはっきりしている」「黒以外は着ることがない」「流行に振回わされたくない」「流行というもの自体が何かわからない」等が多かった。

(3) 服を買う時において流行はどの程度，重要であるのかを知るために，購入時の他の要因と流行という要因を比較した。具体的には調査対象である女子大学生に，重要であると思う順番をつけてもらった。この順位づけによって，流行がどの程度，重要であると思われているのかが数値として把握できるのである。ここでは重要な要因として，流行以外に値段やブランドなどがあがった。重要であると回答した人数の多い順は値段，ブランド，色・デザイン，着ていく場所，素材，似合うかどうか，洗濯やアイロンなど扱いやすさの順となった。

(4) 他人との関係を知るために，次の質問を行なった。「自分の方が友人よりも流行に敏感だと思うか」である。この質問に対して「はい」と回答した者は54％であった。「いいえ」と回答した者は46％であった。「はい」と回答した者はその理由として次のものが挙げられた。「いつも私の方が流行の話題をしている」「私の方が流行の服を着たり，アクセサリーをしている」「流行について友人に教えてあげる」「他人よりも流行を知るのが早い」「友人が私に流行について聞く」などであった。一方，「いいえ」と回答した者はその理由として次のものを挙げた。「いつも友人が流行しているものを教えてくれる」「友人が服を買う時に選んでくれたり，アドバイスをしてくれる」「珍しいものを友人は持っている」「いつも友人から流行しているものをもらう」「友人よりも流行遅れだと感じる」等であった。

(5) 流行している衣服（鞄，小物を含む）を質問した結果，回答数の多いものには次のようなものが挙げられた。品目では，短い丈のコート，ロングスカート，革パン（革素材のパンツの略）などであった。色ではカーキー，ブラウン，黒，白などが多い回答であった。ブランドではシャネルをはじめとするスーパーブランド[10]やティファニーなどがあがった。

(6) 好きな衣服（鞄・小物を含む）は多い者では10種類を回答として書き，少ない者でも3種類は書いていた。品目では，パンツ，セーター，帽子，ブーツ等が多かった。素材では，プラスチックの指輪，銀のアクセサリー，皮製品，毛皮（毛皮もどき），羽のついた首飾り（チョーカー）等が多かった。ブランドの鞄では，フェラガモ，プラダ，フェンディ等が多かった。なお，鞄においては筆者が，1997年の11月から12月にかけて，ブランドの鞄を対象として調査を実施した。調査対象は女子大学生620人であった。その時の調査結果においても，フェラガモ，プラダ，フェンディの鞄は，多くの女子大学生に認知されており，また彼女たちに，支持されている人気の高いブランドであった[11]。

(7) いつも衣服を買う店（場所）あるいは買いそうな店（場所）を質問した結果，専門店，百貨店，ダイエー，通信販売という回答が多かった。ダイエーという回答は量販店と解釈ができよう。特に上記の4つの中では，専門店という回答が多かった。なお，百貨店内にある専門店は専門店として分類をした。このように消費者（この場合女子大学生）がどのような店舗，あるいは業態で購入するのかについては，筆者が行なった1987年から1990年の4年間の調査では，14％の者が量販店を購入先として挙げていた。また，従来の研究ではその他に含まれているような露店，リサイクルショップ，海外での購入，ギフトもそれぞれの購入割合を増やしている。

(8) ミキハウス，セシール等のブランドをいくつでも書いてもらった結果，多く回答した者では14のブランド名を挙げた。少なく回答した者でも1つは，ブランド名を回答しており，ブランド名を書かなかった者はいなかった。このように，回答されたブランド名の平均は3.5であり，ひとり3～4

つのブランド名を回答したことになる。

　回答の多かったブランド名は，シャネル，ビギ，ミッシェルクラン，エル，パウダー，マリクレール，ジャスト・ビギ，ニコルクラブ，エイシアビート，アンプリベ，バフ，メルローズ，トランスコンチネンツ等であった。なお，ここでは読みやすいようにブランド名をすべてカタカナで表記した。

4. 分析方法（数量化II類）

(1) 流行に敏感だと思うか思わないかを決定する要因

　本節では，流行に敏感だと自分で思うか，あるいは敏感ではないと思うかを決定する要因を明らかにする。そのために分析手法として，数量化II類を用いた。数量化II類は「質的な形で与えられた外的基準を質的な要因にもとづいて予測あるいは判別する方法である」と田中／脇本は説明している[12]。

　説明変数は，基本的な生活項目から一般的要因（以降，基本要因と呼ぶ）として「世帯年収」，「アルバイトの有無」，「居住地域」の3つの要因とした。世帯年収とは主に，世帯主である学生たちの親の年収になるであろう。共働きをされているならば，父母の合計収入になるし，祖父母に収入があるならば，それらも加算される。いわば家としての収入である。アルバイトの有無とは，アルバイトを学生本人がしているのか否かということで，単発的なもの，短期的なものは認めていない。日常生活の中でアルバイトをすることによって，収入を定期的に得ていることを前提条件とした。居住地域は県，市，区あるいは町までの記載をしてもらった。多くの従来の研究においても「年齢」，「世帯年収」，「職業」，「居住地域」等が基本要因として設定されることは多い。本研究では女子大学生を調査対象としているので，「年齢」（多くの者は18歳以上で24歳以下となるので年齢層の幅が狭い），「職業」（これは全員が学生になる）は省いた。

　基本要因以外に，何を重要視しているのかという生活信条の項目から，

「素材」,「色・デザイン」,「値段」,「ブランド」,「着ごこち」,「似合う」,「洗濯やアイロンなどの扱いやすさ」,「着ていく場所」の8つの要因を設定した。これに加えて自我意識の項目として,自分の方が友人よりも流行に敏感であると思うか,思わないかという「友人よりも敏感」という項目を設定した。なお,「洗濯やアイロンなどの扱いやすさ」とはもちろん洗濯した後,その製品が色落ちがなかったり,縮んだり伸びたりしないことも含む。これらの3つの項目の要因は合計すると12となった。この12の要因はいずれも「はい」「いいえ」の2つのカテゴリーに分類できる。たとえば服を買う時に「ブランド」を重要視しますか? という問いに対して,ブランドを重要視する者は「はい」と回答をする。逆に,ブランドを無視したり気にしない者は「いいえ」と回答する。12の要因のカテゴリー数は「はい」「いいえ」という2つである。説明変数の項目と要因を表3-2にまとめて示した。

(2) 説明変数の相互関係（独立性の検定）

表3-2に示した12の要因間の関係を調べるために,すなわち12の要因がお互いに関係があるのか,ないのかを調べるために独立性の検定を用いた。最初12×12という要因間の組み合わせを作り,要因内のカテゴリーに属する度数（この場合はいずれも2）をクロス集計した。次に,各カテゴリーの度数を本調査人数の合計である合計度数672（この場合は有効回答数を用いた）

表3-2 説明変数の要因

項目	要因
基本要因	世帯年収,アルバイトの有無,居住地域
重要視	素材,色・デザイン,値段,ブランド,着ごこち,似合う,洗濯やアイロンなどの扱いやすさ,着ていく場所
自我意識	友人よりも敏感

(注) これらの3つの項目の合計は12要因となった。これらはいずれも「はい」「いいえ」の2つのカテゴリーのいずれかに分類できるので,カテゴリー数は「はい」と「いいえ」しかないので2つである。

を100％とする比率に変換した。この比率が両要因のカテゴリー間に関係がないときの比率，すなわち独立の場合の理論比率に対して，有意な差があるのか，ないのかを検定した。これを独立性の検定という。この独立性の検定は適合度の検定と理論的にはよく似ている。独立性の検定と適合度の検定との違いはデータ形態である。データ形態がクロス集計であるのが独立性の検定であり，それに対して，データ形態が単純集計であるのが適合度の検定である。

　この独立性の検定の結果は以下のとおりである。以下の要因間に有意水準５％の基準で関係があると言えた。
　「素材」と「着ごこち」の間，
　「素材」と「洗濯やアイロンなどの扱いやすさ」の間，
　「似合う」と「着ていく場所」の間。
上記の２つの要因間に関係があるということは次のように説明ができる。すなわち，服を購入する時に「素材」を重要視する者は「着ごこち」も重要視するということである。また，「素材」を重要視する者は「洗濯やアイロン等の扱いやすさ」も重要視するのである。すなわち「素材」を重要視する者は同時に洗濯が簡単であるか否かやアイロンが不要であるかなど購入後のメンテナンスも重要視することがわかった。次に「似合う」と「着ていく場所」との間も関係がある。すなわち，服が自分に「似合う」ということを重要視する者は，「着ていく場所」も重要視するのである。着ていく場所という状況や，その場所での衣服のふさわしさ，使用目的が明確であり，そこに自分らしさや自分に有利な状況や影響を期待していると解釈できよう。

　なお，その他の組み合わせについては５％の有意水準で有意な関係は認められなかった。有意な関係が認められないということは，お互いの要因が独立して影響を与え合っていないことを示している。

5. 結果

　流行に敏感だと思うか思わないかを決定する要因を明らかにするために，分析手法として数量化II類を用いた。前章の第2章においても，流行を認知するか，認知しないかという2つのパターンに分類する時に数量化II類を用いた。このように，2つのパターンに分類して，その特徴を説明変数から説明するための手法としては，数量化II類はすぐれている。

　数量化II類の結果，判別的中率は80.8％であった。数量化II類においては，判別的中率がその分析精度を示す。すなわち，判別的中率は100％に近いほど，精度が高いのである。一般的には，75％以上の精度が望ましいとされている。本研究では判別的中率が80.8％であったので，分析自体の精度は高く，数量化II類を用いた分析結果をもって，流行に敏感であるか，あるいは敏感ではないかを判断できる。

　さて，判別的中点は0.03となった。この判別的中点は，その数値を境に左右にグラフが分布（図3-1）するという分岐点のことである。この場合，

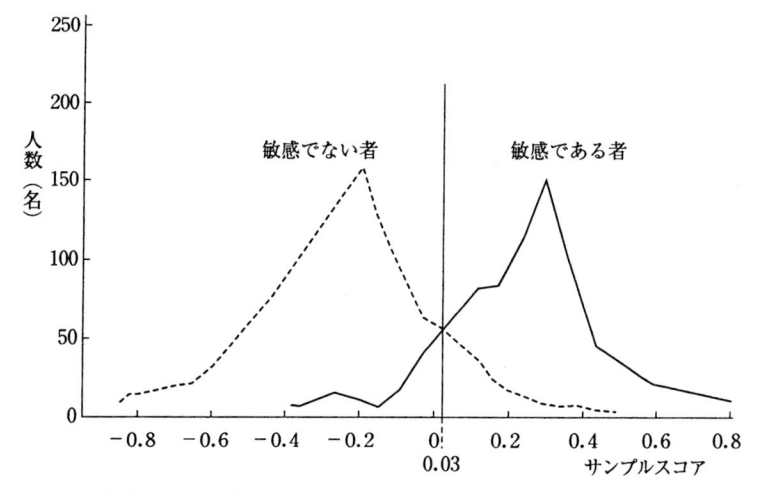

図3-1　敏感であるか否か

表3-3 流行に敏感だと思うことに影響する要因の順位

順位	要因	レンジ
1	ブランド	0.68
2	値段	0.64
3	アルバイト	0.50
4	色・デザイン	0.39
5	友人よりも敏感	0.35
6	似合う	0.22
7	着ていく場所	0.18
8	着ごこち	0.12
9	扱いやすさ	0.10
10	素材	0.04
11	居住地域	0.02
12	世帯年収	0.01

（注）レンジとは数量化II類によって分析した後の各要因に与えられた影響を示す数値。数値が大きいほど，影響が大きいと考えられる。

図3-1に示したように図の向かって右側が流行に敏感であると思っている者であり，左側が流行に敏感ではないと思っている者である。それぞれの分岐点が0.03なのである。

次に，数量化II類の結果を表3-3に示した。表3-3によると，レンジの数値の大きいものは「ブランド」，「値段」，「アルバイト」であった。レンジとはその要因が，外的基準（目的変数）に対して，どの程度の影響力があるのかを知るための数値である。ここでの外的基準は流行に敏感であると思うか，思わないかである。よって，レンジの数値が大きいほど，その外的基準，すなわち流行に敏感だと思うか思わないかに，大きな影響を与えているのである。一方，このレンジの数値が小さい要因は外的基準に影響を与えていないこととなる。本研究ではレンジが小さい要因として，「世帯年収」，「居住地域」，「素材」の3つが挙げられる。これらの要因は，流行に敏感であると思うか思わないかという外的基準に対して，影響力が小さいと言える。すなわち，世帯年収や居住地域，素材は流行に敏感であると思うか思わ

ないかということに影響を与えない要因である。

　数量化Ⅱ類の分析結果から得られたレンジを見ると，流行に敏感だと思う者は，ブランドを重要視する者，値段を重要視する者，そしてアルバイトをしている者であるということとなった。

6. 考察

(1) 流行に敏感であると思うか思わないかを決定する要因について

　数量化Ⅱ類を用いた結果から，自分自身が流行に敏感であると思うか，あるいは思わないかということに影響を与えている要因のうち，大きな影響があったのは以下の3つであった。「ブランド」，「値段」そして「アルバイト」。「ブランド」とは，ブランドを重要視していることである。「値段」とは値段を重要視していることである。「アルバイト」とはアルバイトをしているということである。よって，「ブランド」と「値段」を重要視して「アルバイト」をしている女子大学生は，他の女子大学生よりも，自分自身が流行に敏感であると思うことが多いということである。

　ブランドが流行に敏感であるかどうかに大きな影響を与えるということは，ブランド自体が流行であると考えられる。すなわち，現在において，ルイ・ヴィトンやグッチという老舗のブランドであっても，女子大学生からはそれが，流行であるということである。たとえば，流行に敏感であると思うことと，ブランドを重要視することとは強い結びつきがあることがあると推察できる。ブランドを重要視するということは，ある程度のブランドの知識が必要である。ブランドのすべてが流行であるとは言えないが，一般的に流行とブランドが同じ認知のレベルで語られることもある。よって，ブランドを重要視している女子大学生は，流行にも敏感になるのであろう。

　次に「値段」を重要視するということと，「アルバイト」をしているということは，いずれも，サイフの中身を指している。自己資金がどの程度あるのかということを考えるのである。合理的な買い物をしようという気持ちが

あることが推察できる。つまり，今，何を買えば価値があるのかを考えているのである。衣服に限ることなく，製品を購入する場合には，値段を考えないわけにはいかない。しかし，ここで着目する点は，流行に敏感であると思っている女子大学生が，値段を重要視していることである。ただ，単に流行を追いかけるのみであるならば，多少，値段が高くても，その衣服が流行しているのであれば，問題もなく購入するのであろう。意識の中で流行が先行されて，値段の高さが気にならなくなるか，もしくは値段が高いからこそブランドであると，よけいにステイタスを感じるであろう。ここで，値段が重要視されるということは，女子大学生の中で，その製品に関しての値ごろ感が形成されていると言えよう。流行に敏感であるがゆえに，それが本当に価値があるか否かを判断する力があると推察できる。自分自身のいわば，尺度を持っていると考えられる。

一方，流行に敏感であると思うか思わないかということに，影響を与えてない要因には「世帯年収」，「居住地域」そして「素材」が挙げられた。

第2章においても「世帯年収」は流行を認知するか認知しないかに関して，影響を与えない要因に含まれていた。ここでも，世帯年収は，直接的に女子大学生の流行に敏感だと思うか思わないかということに影響を与えていないという結果となった。世帯年収は文字どおり世帯の年収であり，それが低くても女子大学生のサイフとは別なのであろう。女子大学生が自分でアルバイトをしている収入で，サイフの中が豊かであり世帯年収が低くても，流行に敏感であると思う者もいる。また，世帯年収が高くても，流行に敏感ではないと思う者もいるのである。

居住地域については，この調査自体が近畿圏を中心にしているために，要因として挙げられなかったことも考えられる。これは今後の課題である。
素材については，フリース等，明らかに素材が全面的にその製品を代表しているものもあるが，女子大学生にとっては，素材を追求したり，重要視した結果がフリースなのではなく，むしろ企業が提案したフリースというモノを受け入れているということであろう。よって，素材自体を重要視しないとい

う回答結果になったと推察できる。また，素材を重要視しない理由として，長持ちさせようという意識が低いためであろう。だから，丈夫な素材ではなくてもよいのである。その時に，流行しているモノで，値ごろ感があれば，それを来季のシーズンに着るという意識は少ないのである。素材に関しても，多くの企業が努力をしているために，たいへん手ざわりや着ごこちが，あらゆる製品で改良され，心地よいものになっている。そこから，ことさら素材を重要視しなくても，当たりはずれがないと思っている者もいる。もちろん，個々には素材にこだわりを持っている者もいるが，この場合，流行に敏感であると思うことと，素材を重要視することが結びつかなかったと言えよう。

(2) 流行と女子大学生の生活について

衣服の購入に関しては，流行，ブランド，値段が密接な関係にありそうなことが推察できる。特に流行とブランドは数量化II類の結果からも，お互いに影響を与える関係であろう。女子大学生にとっての支持するブランドは，等身大のものが多く，特別なものではなく，むしろ身近な存在である。もちろん，スーパーブランドも以前にもまして，人気がある。しかし，今回の調査結果からは，日常的に使用するものにおいては，価格も値ごろ感のあるものが多く挙げられた。女子大学生はお金をかけなくても，流行に沿った服装をすることができる。また，流行を取り入れることもできるのである。このことから，衣服に関しての感性が鋭いと言えよう。

特に，流行に敏感であると思っている者は，流行している衣服や鞄，小物を友人に口コミで広げていく。自分が良いと思ったものを情報として広げていくのである。これは情報の伝達である。口コミという手段は，仲間意識を培う。そこには仲間はずれになりたくないという心理的な効果や作用も生まれてくるであろう。

ここで問題になることは，流行の衣服が似合うか似合わないということである。似合わなくても仲間はずれになりたくないのであれば，その衣服を着

用する可能性はある。自分と他人との関係の中で，他人の目（アイシャワー）を感じながら，どの程度まで流行を自分の中に取り入れていくのかということが現実的な問題の1つになるであろう。また，新しい衣服を着た時に「誰を気にしますか？」という質問に対しては，友人（女性），同じ大学の人（女性），アルバイト先の人（女性），母親，恋人，ボーイフレンドの順番となった。すなわち，一番気になるのは女性の友人で，彼女たちの反応が気になるのである。これらの結果から，異性よりも同性の目を気にしていることがわかった。流行に敏感だとは思わない者も「流行に関心がない」と回答した者は少なく，全体の5％未満である（4.6%）。このことから，流行に敏感であると思わない者でも，流行には関心があると考えられる。もちろん，このことを裏付けるように，流行に敏感であるとは思わない者でも，好きなブランドを質問すると，ブランド名が回答されているのである。ただ，現状においては，自分の身近な友人よりも，周囲よりも，流行を含むファッションに関する情報には詳しくはないと判断しているのである。よって，そこから自分は流行には敏感ではないと思うのである。

　なお，本調査をした時期が早秋であったので，女子大学生の関心が冬のコートやジャケットになっていた。具体的には，丈の短いコート，ロングスカート，革パン等に興味を示している。これらの衣服の購入場所として専門店が多く利用されていた。専門店を利用することは，今も昔も変わらないことである。その専門店に求めていることも，店員の質によるものと品揃えに関することが多い。たとえば，店員について言えば，製品に関する知識や接客態度である。また，品揃えに関しては，ただ単に量が多いという意味ではなく，十分な配慮を求めており，サイズ，色，コーディネートできるアイテムなどへの期待がある。専門店での購入は，その専門店にいるという満足感も期待され，場の消費の1つでもあると考えられる。製品と共に，十分なサービスを含めて，その場に自分が存在するときの楽しさ，存在価値に対する消費であると考える。

7. まとめ

(1) 流行の敏感さを決定する要因

数量化Ⅱ類を用いた結果から，自分が流行に敏感であると思うか，思わないかということに影響を与える3つの要因は「ブランド」，「値段」そして「アルバイト」であった。

「ブランド」とはブランドを重要視しているということである。「値段」とは値段を重要視していることである。「アルバイト」とはアルバイトをしている者の方が，本調査においては，流行に敏感であったということである。よって，女子大学生において，流行に敏感だと思っている者は，「ブランド」，「値段」，「アルバイト」という要因から大きな影響を受けているのである。

(2) 流行と女子大学生の日常生活

女子大学生はスーパーブランドに代表される高級ブランドへの認知はあるものの，ブランドを身近に感じている。そして自分自身の感性を重視しながらうまく生活の中に取り入れている。自分自身が流行に敏感であると思う者は，自分が感性に合致した流行に関しては口コミという手段で，身近な友人に流行を伝播していく。情報の伝達係という役割を担っている。また，流行に敏感であるとは思わない者も，ブランドに関心がないものは少ない。調査票にはいくつものブランド名を記載して，それらを好むと回答しているからである。あくまでも，身近な友人と比較した場合，自分自身は敏感ではないと思っているのである。

上記に，自分自身の感性に合致するという表現をしたが，それは自己中心的なものではない。流行に敏感であると感じている女子大学生も他人の目（アイシャワー）を気にしているのである。特に同性の目を意識しているのである。

最後に衣服の購入場所としては専門店が多くの女子大学生から挙げられた。これは今も昔も変わらない購入場所のうちの1つである。その専門店に対して、女子大学生が求めていることは、店員の専門知識、感性、アドバイスである。また、店舗自体がお洒落であり、ディスプレイを含めて、いごごちの良い場であることである。品揃えにも期待が大きい。自分の納得するモノを、いごごちの良い場で購入したいと考えられる。

8. 補足

(1) 流行のとらえ方について
① 流行の順位づけ（順位法）

本研究において、表3-1の(3)に示したように、服を買う時に何がどれくらい重要であるか、重視するのかという質問を行なった。具体的には重要であると思う順番を番号によって示してもらった。ただし、記入の際には同順位をつけることを禁じた。672の有効回答の結果、重視される順番は以下のようになった。

  1位　値段
  2位　ブランド
  3位　流行
  4位　色・デザイン
  5位　着ていく場所
  6位　素材
  7位　似合う
  8位　着ごこち
  9位　洗濯やアイロンなどの扱いやすさ

このような順位となったが、この順位は表3-3に示した結果と類似している。この順位法においても値段、ブランドは上位を占めた。よって、衣服を購入する時には、値段やブランドは重要視される要因であることが明らかに

② 流行からの情報伝達，情報からみた流行の役割

他人と比較するために，自分の方が身近な友人よりも敏感であると思うか，思わないかという質問を行なった。自分自身の方が友人よりも敏感であると思う者は，その身近な友人と比較して，自分の方が流行に関する話題をする，流行の服を着ている，流行の関する情報を早く知っていると思っている。これらはファッションのオピニオンリーダーに追随する存在であると考えられる。衣服の流行はファッド (fad) 的に提案される場合が多く，その後オピニオンリーダーたちによって伝播される[13]。流行に敏感であると思っている者は，このオピニオンリーダーの存在を認め，それらを友人に主に口コミによって広げていく。彼女たちはオピニオンリーダーと流行に敏感ではない者との間にあって，情報の伝達係とも言うべき役割を担っている。もちろん，回答された理由の中には「私が好んだものが流行する」というように，流行の提案者もいるが，今回の調査では，提案者は少なかった。それぞれの型を図3-2に示した。

また，「友人がいつも流行やファッションについて，私の意見を求める」という回答が多く見られた。このように情報の伝達係から，口コミによって流行は広められる。これは女子大学生の特徴のひとつであろう。大学という場所，その中での授業，クラブ活動など，お互いに顔を見ながら，情報交換をしているのである。もちろん，最近ではここに伝達方法として，携帯電話やメールが含まれる。

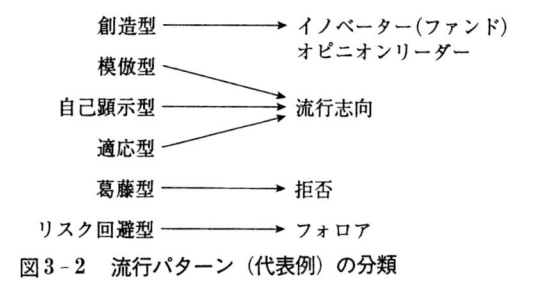

```
創造型 ─────────→ イノベーター(ファンド)
模倣型 ─────╲      オピニオンリーダー
自己顕示型 ───→ 流行志向
適応型 ─────╱
葛藤型 ────────→ 拒否
リスク回避型 ──────→ フォロア
```

図3-2 流行パターン（代表例）の分類

③ 女子大学生の間で流行している衣服

今回の調査においては，丈の短いコート，ロングコート，革パン（革に似た素材を含める）等の衣服が挙げられた。冬物が多いのはアンケートの調査時期が秋であったからであると考えられる。色はカーキー，ブラウン，黒，白といった落ち着いた色が多く回答された。傾向としては「フォークロア」，「ウエスタン」，「アジアティーク風」なコーディネート等であった。しかし，帽子や小物は市販されているものを見てもわかるように，派手な色，派手なビーズなど輝くものが目にふれる。流行しているもの，あるいは雑誌に掲載されて紹介されているものを手に入れるまでには，少し時間がかかることを示しているのである。また，好きな衣服は何かという問いに対して，多くの回答者はスタイルやブランド名を具体的に挙げて，明確に好きな衣服を回答した。このことは，好きな衣服という分野が，はっきりと認識されていることを示している。たとえば，同一コンセプトの例として，アジアンテイストであったり，あるいはワイルドという切り口であったりはするが，自己の中に何が好きかという意識は明確である。

④ 購入場所

結果として，専門店を利用する女子大学生が多かった。しかし，今回の調査での特徴は，通信販売を利用する者の増加と，露店，リサイクルショップ，海外での購入などの増加である。これらの割合は10年前と比較して4％から14％にまで増加したことになる。衣服のカタログ販売は，従来，その製品の色，質（素材等），サイズ，手ざわり等がわからないことから，販売促進には限界があることを指摘されてきた。しかしながら，時間的な制約やカタログの見やすさ，申し込み方法の簡易さ，料金支払方法の便利さの改善から，上記の販売方法も女子大学生に受け入れられてきたと言えよう。たとえば，料金支払方法については，従来であれば，郵便局あるいは銀行からの振り込みが主流であった。今は，女子大学生が利用している支払方法としては，ローソンなどのコンビニエンスストアからの支払である。コンビニエンスストアの方が郵便局や銀行よりも，営業時間が長く，女子大学生としては

利用しやすいことが考えられる。

　リサイクルショップに関しては，従来よりもお洒落な感覚で，女子大学生に受け入れられている。古着が汚いということはなく，その古着がお洒落なのである。自分の不要になった衣服をリサイクルショップに持ち込み，換金してもらうことに関しても抵抗は少ない。また，そこで自分が気に入った衣服を買い，お洒落を楽しんでいるのである。古着が汚いものというイメージがなくなったのは，日本の社会全体が清潔になり，古いもの＝汚いものというイメージが少なくなったからだと考えられる。

　なお，専門店を利用するのは，なぜなのかという問いについての回答は，「専門店の店員の方が知識が多い」,「店員の質がよい」,「気持ちよく買い物ができる」,「流行のものがある」,「好きなブランドの店だから」,「品揃えが豊富だから」等の理由が挙げられた。これは専門店のヒト（店員）とモノ（商品）と情報（流行の商品）が，女子大学生に対して，的確に提供されている結果であろう。

　⑤　具体的なブランド名

　今回の調査において，回答の多かったブランド名はシャネル，ビギ，ミッシェルクラン，エル，パウダー，マリクレール，ジャスト・ビギ，ニコルクラブ，エイシアビート，アンプリベ，バフ，メルローズ，トランスコンチネンツであった。また，ここに挙がったブランドの多くは，特に高級なブランドではなく，価格的には女子大学生にとって，値ごろ感のある製品を提供しているブランドであった。すなわち，女子大学生に対して，等身大のファッションを提供しているブランドであると言えよう。

［注］
1）　中田善啓／石垣智徳「消費者態度の進化―流行のメカニズム―」甲南経営研究，Vol. 39, No. 5, 1998年。
2）　藤本憲一『ポケベル少女革命』エトレ・星雲社（1997年）。
3）　神山進『衣服と装身の心理学』関西衣生活研究会，29頁（1990年）。
4）　日本マーケティング・リサーチ協会編『マーケティング・リサーチ用語辞典』同

友館，110頁（1995年）。
5) 石井淳蔵『ブランド―価値の創造―』岩波書店，岩波新書634，7頁（1999年）。
6) 1998年5月14日付の繊研新聞「大学生のファッション動向調査より」参照。
7) 髙木修監修『被服行動の社会心理学』北大路書房，130頁（1999年）。
8) 井手幸恵『ブランドと日本人―被服におけるマーケティングと消費者行動―』白桃書房，xi，176頁，1998年，90頁参考。

　　1997年10月にスポーツウエアに対するイメージ調査をした結果，女子大学生からは以下のような結果が得られた。
　　　明るい，健康的，派手，カジュアル，気軽，シンプル，機能的，おしゃれ，ジャージ，ラフ，かわいい，ワンポイント，ブランド，高価，スキー，サッカー，テニス，ゴルフ，ランニング，カッコよい，流行など（回答数の多い順）
9) 藤井一枝／山口恵子「女子短大生の流行に関する意識と服装の実態―島根と大阪を比較して―」島根女子短期大学紀要，Vol. 36，62頁（1998年）。

藤井一枝／山口恵子が作成した調査項目を以下に挙げる。
1. 人と違うファッションをしたいですか
2. 流行の色やデザインの服を着たいですか
3. ファッションセンスがよいと思いますか
4. 服装で自分を格好良く見せたいですか
5. 流行の服を着ると気分や行動に違いがありますか
6. 服以外にアクセサリーなど全体の組み合わせに気を配りますか
7. 家にいるときでも服装に気を配りますか
8. 似合わなくても仲間と同じ服装をすることがありますか＊
9. 友人と着ている服装について話し合いますか

＊反転項目

10) スーパーブランドとは「ルイ・ヴィトン，エルメス，同じフランスの高級ブランドのシャネル，それにグッチ，フェラガモ，プラダといったイタリアの高級ブランドを加えた6つのブランドを百貨店業界では「スーパーブランド」と呼んでいる」日経ビジネス 7-20，21頁，1998年。また，これらは6大ブランドとも呼ばれている。
11) Yukie Ide「A Research on The Images of Overseas Brand Bags and The Reasons for Buying Then-The Case of Japanese Female College Students-」京都学園大学経営学部論集，京都学園大学経営学部学会，Vol. 8, No. 3, pp. 23-37（1999年）。
12) 田中豊／脇本和昌『多変量統計解析法』現代数学社，151頁（1990年）には以下のように説明されている。

「数量化Ⅰ類が量的な外的基準（目的変数）を質的な要因にもとづいて予測する方法であったのに対して，数量化Ⅱ類は質的な形で与えられた外的基準を質的な要因にもとづいて予測あるいは判別する方法である。各要因が定量的に測定されるときには判別分析が適用できる場面であり，判別分析の定性データの場合への拡張と考えることができる。」

13) オピニオンリーダーがファッションを伝播する様子は以下の論文に示した。
    井手幸恵「情報の流れとしてのファッション理論」ファッション環境，Vol. 5, No. 3, pp. 11-19（1996年）。

参考文献

1) 青木幸弘「消費者関与概念の尺度化と測定―特に，低関与型尺度開発の問題を中心として―」商学論究，Vol. 38, No. 2, 129-156頁，1990年。
2) 安藤清志／押見輝男編『自己の社会心理』対人行動学研究シリーズ6，誠信書房，xi，256頁，1998年。
3) 石井淳蔵『ブランド―価値の創造―』岩波書店，岩波新書634，iv，210，5頁，1999年。
4) 石井淳蔵『マーケティングの神話』日本経済新聞社，348頁，1993年。
5) 井手幸恵『ブランドと日本人―被服におけるマーケティングと消費者行動―』白桃書房，xi，176頁，1998年。
6) 井手幸恵／磯井佳子／風間健「衣服購入時に及ぼす諸要因の効果（第2報）―業態選択の実態と消費者の意識構造―」繊維製品消費科学，Vol. 35, No. 6, 328-332頁，1994年。
7) 井手幸恵／磯井佳子／風間健「ブランドが衣服の購買行動に与える諸効果（第1報）―ブランドを念頭に置く購買者の属性―女子大学生とその母親の場合―」繊維製品消費科学会，Vol. 37, No. 11, 607-613頁，1996年。
8) 井手幸恵「被服の使用目的と購入場所に関する消費者の意識と実態」（博士論文），武庫川女子大学大学院，2，291，32頁，1996年。
9) 井手幸恵「情報の流れとしてのファッション理論」ファッション環境，Vol. 5, No. 3, 11-19頁，1996年。
10) Yukie Ide「A Research on The Images of Overseas Brand Bags and The Reasons for Buying Then — The Case of Japanese Female College Students —」京都学園大学経営学部論集，京都学園大学経営学部学会，Vol. 8, No. 3, 23-37頁，1999年。
11) 角田政芳『知的財産権小六法』成文堂，vi，615頁，1997年。
12) 神山進『衣服と装身の心理学』関西衣生活研究会，238頁，1990年。

13) 神山進／牛田聡子／枡田庸「服装に関する暗黙裡のパーソナリティ理論（第1報）—パーソナリティ特性から想起される服装特徴の構造—」繊維製品消費科学，Vol. 28, N0. 8, 335-343頁，1987年。
14) 高木修監修『被服行動の社会心理学』北大路書房，x，163頁，1999年。
15) 田中豊／脇本和昌『多変量統計解析法』現代数学社，276頁，1990年（7刷）。
16) 中田善啓／石垣智徳「消費者態度の進化—流行のメカニズム—」甲南経営研究，甲南大学経営学会，Vol. 39, No. 5, 49-78頁，1998年。
17) 中田善啓『マーケティングの進化』同文舘出版，225頁，1998年。
18) 藤井一枝／山口恵子「女子短大生の流行に関する意識と服装の実態—島根と大阪を比較して—」島根女子短期大学紀要，Vol. 36, 61-68頁，1998年。
19) 藤本憲一「モバイル（携帯）・ノマド（遊動）・ツーリズム（観光）時代の「中食」—「マクドナルド化社会」における新しい生活美学の予兆—」ファッション環境，Vol. 9, No. 2, 21-25頁，1999年。
20) 藤本康晴「女子大学生の被服の関心度と自尊感情との関係」繊維機械学会誌，Vol. 33, No. 10, 36-40頁，1982年。
21) 藤本康晴／宇野保子／中川敦子／福井典代「服装に対する評定の個人による再現性の違いとその評定値への影響」日本家政学会誌，Vol. 50, No. 10, 1071-1077頁，1999年。
22) 渡辺澄子／川本栄子／中川早苗「服装におけるイメージとデザインとの関連について（第1報）—イメージを構成する主要因とデザインとの関連—」日本家政学会誌，Vol. 42, No. 5, 459-466頁，1991年。
23) 渡辺澄子／川本栄子／上島雅子／中川早苗「服装におけるイメージとデザインとの関連について（第2報）—女らしさの評価基準—」繊維機械学会誌，Vol. 41, No. 6, 362-367頁，1998年。
24) 和田充夫「マーケティング戦略の構築とインヴォルブメント概念」慶應経営学論集，Vol. 5, No. 3, 1-13頁，1984年。

第4章
女子大学生の流行に対する男子大学生の反応

1. 緒言

　本章では，女子大学生の流行について，女子大学生自身とその流行を見ている男子大学生との関係に着目をする。具体的には女子大学生自身がどの程度，流行を容認しているのか，また女子大学生が容認している流行であったとしても，それを周囲の男子大学生はどのようにとらえているのかを明らかにする。すなわち，女子大学生と男子大学生との間に流行への容認に差があるのではないかということが仮説となる。たとえば，女子大学生がある流行を容認していることに対して，同じ年代である男子大学生がこれを容認しない，あるいは嫌悪感を持っているということがあるのか，あるいはないのかということに着目する。

　これを検証する手順としては，第1に女子大学生自身が自らの流行に関してどの程度，容認しているのかを明らかにする。第2章で明らかにした認知ということは，主に知るということであった。この第4章では，認知という知ることよりも，知ったうえで，それを容認，すなわち受け入れるのか，受け入れることができないのかということを問題点とする。

　第2に男子大学生が同世代の女子大学生の「流行」に関してどのような受け止め方をしているのかを明確にする。たとえば，男子大学生たちはどのような場面で，女子大学生の「流行」を受け入れることができるのか，容認す

ることができるのかを明確にすることである。本章での場面とは，大学生の生活シーンから選択をして大学生であれば，ごく当たり前に経験できる状況とした。具体的には，大学内での授業，サークル，クラブ等である。これらの場面については次の「2．調査方法」で説明をする。上記の事柄を明らかにしたうえで，女子大学生と男子大学生とを比較する。すなわち，女子大学生の同性の間ではある場面では容認されていても，男子大学生の間では容認されがたい場面が存在する可能性もある。また，男子大学生にしてみれば容認はするけれども，場面を限定する場合があるかもしれないからである。

すなわち，本章の目的は流行を切り口に，女子大学生と男子大学生が流行に対してどの程度，容認できるのかを明確にしたうえで，男女の流行に対する容認の度合いを比較することである。

たとえば，本章の研究成果は比較した結果から，女子大学生をターゲットにした流行商品を，いかに男子大学生にも購入させるかという指標になる。女子大学生が自分自身で気に入る流行よりも，男子大学生も認める流行の方が，より多くの購買機会があることになるであろう。女子大学生自身が気に入って購入する機会もあるが，それ以上に男子大学生からのギフトということも考えられるであろう。女子大学生にしても「彼」も同時に気に入ってくれる流行の方が取り入れやすいと考えられるからである。

また，流行という情報の容認の度合いから，購買行動を推察することも可能になるであろう。よって，本章の研究の位置づけは流行を軸に男女比較というジェンダー論，容認（態度）という心理学そして購買行動というマーケティングの分野に関係する研究であると言えよう。

流行に関しては第2章で述べたように，神山が「ある一定の時期に，社会の中のかなり多くの人々が，目新しいと考えて模倣（コピー）している考え方，表現の仕方・振舞い方のことを流行と呼ぶ」と説明をしている[1]。また，流行には3つの特徴があることを指摘している。それらは「流行の採用には特に強い社会的圧力や強制は伴わない」，「流行という名の下に提示される規準は，常に目新しさを伴う」，「十分に長続きするものではなく，比較的

短期間に消滅する」である[2]。流行と購買行動については，第3章で述べたように，中田・石垣が流行自体のメカニズムに着目をして，消費者の態度の進化が消費者の行動を規定するとしている。具体的には，消費者の商品に対する態度をシミュレーションし，そこから「ファッション製品，流行が選択に影響を与える製品の選択には消費者間で社会的相互作用が行われ，自らの選好によって選択を行わない」と述べている[3]。中田・石垣がいう消費者は，本研究では女子大学生にあたる。消費者間でというのは女子大学生同士，あるいは女子大学生と男子大学生間である。社会というのは本研究の場合は，場面として設定している大学を中心とした生活シーンとなる。社会的相互作用は流行を容認するか否かということを指している。よって，女子大学生の流行が，男子大学生と何らかの相互作用があることはこの先行研究から，推察することが可能である。

なお，本研究における「流行」は男子大学生が女子大学生の流行として掲げたファッションや現象とした。たとえば，茶髪（ちゃぱつ），ガングロ（顔黒），厚底ブーツ，蛇革などが挙げられた。ガングロはどちらかと言えば，女子大学生よりも女子高校生の流行である。しかしながら，予備調査の段階において，ガングロも回答として多くの男子大学生が挙げたので，本研究においてはそれも含むこととした。

2. 調査方法

本研究では〈1〉予備調査，〈2〉本調査，〈3〉事後調査の3つの調査を行なった。各調査の内容は以下のとおりである。
予備調査（記述式）集合調査法[4]（流行に関する項目調査）
本調査（5段階評点法）集合調査法と郵送法（流行に関する項目の評価）
事後調査（5段階評点法）集合調査法と郵送法[5]（流行に関する項目の評価）

(1) 予備調査
① 調査期間・対象（2000年1月・男子大学生）

調査期間は2000年1月上旬から1月下旬であった。調査対象は18歳以上25歳未満の男子大学生171人とした。この171人は私立大学に在籍している主に京都府在住の者である。予備調査の目的は以下の2つである。第1に女子大学生の中で流行していると思われるものは何かを質問して，男子大学生の女子大学生に対する認識（どの程度，知っているのか）を調べることである。第2に男子大学生がそれらの女子大学生の流行を何によって知ったのかを明らかにすることである。

② 質問内容（女子大学生の流行について知っているものについて）

具体的な質問内容は以下のとおりである。
1) 知っていると思われる女子大学生の流行について記述させた。
2) 上記で集めた回答をもとに，多くの男子大学生が挙げた女子大学生の流行について，知っている項目のすべてに○をつけさせた。
3) どこから女子大学生の流行を知ったのかを記述させた。
4) どのような場面ではそれらの流行を容認できるのかを回答させた。

③ 結果（予備調査の結果）

予備調査の結果，調査対象者全員が知っている項目は，以下の10項目であった。

　ガングロ，茶髪，蛇革，スキンジュエリー，ビーズアクセサリー，カーディガン，ハイソックス，ミュール，厚底ブーツ，ピンク色

上記の10項目に対して，男子大学生171人のうち，約80％の者が知っている項目は以下の20項目であった。

　透け素材，ポスト豹柄，トートバック，ストレッチブーツ，ミニファン[6]，マルチクレヨン，ウィダーインゼリープロテイン，口臭カットグミ，ひまわりチョコ，ノンアルコールビール，つけ爪セット，ボーダー長Tシャツ，デニムシャツ，膝丈スカート，チョーカー，七分だけワンピース，ロング丈スカート，ヘアピン，ユニクロシャツ，スパンコール

次に上記の流行をどこで知ったのかという質問に対しての回答は，雑誌で見た，実際に目にした（見た），テレビで見た，友人の話，通学途中の電車・バス内でのつり広告を見た，身近な女子大学生がしていた等であった。また，どのような場面ではそれらの流行を容認できるのかという質問に対しての回答は，以下のような場面を得た。

　コンパ，デート，大学での授業内，大学でのクラブやサークル内，旅行，クリスマスの6場面が多い回答の上位であった。その他には，自宅，コンビニストア内，繁華街，遊園地，旅行先などの回答もあった。

④　考察（コンビニの情報源としての役割）

　本章の調査対象者である171人すべての者が流行として挙げた10項目は，ガングロ，茶髪，蛇革，スキンジュエリー，ビーズアクセサリー，カーディガン，ハイソックス，ミュール，厚底ブーツ，ピンク色であった。これらの回答をみて理解できるように，圧倒的にファッション（衣服，小物，アクセサリー）の分野に回答が集中した。

　また，上記の10項目に対して，男子大学生の約80％の者が知っている20項目にはウィダーインゼリープロテイン，口臭カットグミ，ひまわりチョコ，ノンアルコールビールという食品が4項目挙げられた。これらの4項目はコンビニやドラッグストアで目にすることが多い品目である。

　以上のことを，「流行をどこで知ったのか」という質問の回答と併せて考察すると，情報が比較的に多く，目にふれるということからファッションの分野に回答が集中したと考えられる。また，雑誌で見たというその雑誌は，書店ではなく，コンビニで見たという回答が大半を占めた。食品に挙げられた4項目はいずれもコンビニやドラッグストアで扱われている商品である。これらの結果から，大学生の生活シーンで実際に目にふれることの大切さとコンビニという場所が情報源の1つであることが推察できよう。

(2) 本調査
① 調査期間・対象（2000年2月・男子大学生）
　調査期間は2000年2月上旬から2月下旬であった。調査対象は18歳以上25歳未満の男子大学生780人とした。この780人は主に兵庫県，大阪府，京都府在住の者である。回収人数は702人で約90％の回収率であった。この回収率の高さは授業内での配布，回収という集合調査法を用いたためである。遠方の者のみ郵送法を用いた。本調査の目的は，予備調査から得た女子大学生の中で流行していると思われるものが，同じく予備調査から得た場面ごとに，男子大学生がどの程度容認できるのかを明らかにすることである。

② 質問内容（6つの場面での男子大学生の容認度）
　具体的には回答数が多かったデート，コンパ，大学内での授業，大学でのサークルやクラブ内，旅行，クリスマスの6場面を設定した。そして，それぞれの場面について，どの程度，女子大学生の流行を容認できるか，あるいは容認できないかを5段階評点法で回答させた。態度や容認度合いを測る尺度にはたとえば，ＳＤ（Self-Differential）尺度などがあるが[7]，本研究では間隔尺度法を用いた。態度などを測る尺度としては多くの研究が採用しており，また本研究の主旨に合致しているからである。ここで用いた尺度の意味は以下のとおりである。
　　1がまったく容認できない（好ましくない）
　　2がやや容認できない（やや好ましくない）
　　3がどちらでもない
　　4がやや容認できる（やや好ましい）
　　5がたいへん容認できる（たいへん好ましい）
　これらの5つの尺度を用いて各質問の回答として○をつけさせた。

(3) 事後調査
① 調査期間・対象（2000年4月・女子大学生）
　調査期間は2000年4月上旬から4月下旬であった。調査対象は18歳以上25

歳未満の女子大学生600人とした。この600人は主に兵庫県，大阪府，京都府在住の者である。回収人数は502人で83.7%の回収率であった。この回収率の高さは授業内での配布，回収という集合調査法を用いたためである。遠方の者のみ郵送法を用いた。本調査の目的は，本調査から得た男子大学生の女子大学生の流行に関する容認度と女子大学生自身の容認度を比較することである。

② **質問内容**

上記(2)の本調査と同じ質問内容である。具体的にはデート，コンパ，大学内での授業，大学でのサークルやクラブ内，旅行，クリスマスの6場面を設定し，それぞれの場面について，どの程度，女子大学生の流行を容認できるかを5段階評点法（1〜5点）で回答させた。

3. 分析方法（因子分析法）

本章では主因子法による因子分析を用いた[8]。データは予備調査で全員が知っていると回答した10項目の各回答結果である。すなわち，6場面ごとに10項目を設定して，調査対象である男子大学生がどの程度認知するのかを数値（1〜5点）で示したものがデータとなる。なお，態度を構造的にとらえるために因子分析を用いることは，購買態度を明確にする研究では珍しいことではない。たとえば，佐々木は購買態度の合理性と情緒性をとらえるために因子分析を用いて，「個別的態度変量間の相関関係から」因子を抽出した[9]。因子を抽出することによって，それらの事象（この場合は女子大学生の流行を容認すること）の背景が明らかになる。通常，抽出された因子に命名をするが，その場合は，事象を説明の助けとなる命名が望ましいと考える。よって，本研究ならば，女子の流行の背景を説明しやすいキーワードになることが望ましいということになる。

4. 結果・考察

(1) 因子分析からの結果と考察

因子分析から得た各因子の寄与率の結果を表4-1に示した。その結果，第4因子以降は寄与率が6.2%以下となり比較的小さな数値となる。また，第3因子までで累積寄与率が68.1%となるので，本研究では第3因子までを考察の対象とする。また，表4-2に第1因子から第3因子までの各因子別に因子得点の絶対値を示した。一般的には絶対値の高いものを第1因子から順にまとめるが，本章では，各場面との対応に重点をおいているので，場面ごとにまとめている。そこで，新たに表4-3に各因子の中で，絶対値が高いものをまとめた。これらの数値の前には＋と－が付されているが，＋と－はそれぞれその符号の中で同一傾向があると考えられる。

① 第1因子（TPOの因子）

表4-3から絶対値が0.70以上の大きな数値に着目すると，＋（プラス）にデート／ビーズアクセサリー（0.82），デート／ピンク色（0.81），コンパ／ピンク色（0.78）がある。これらは第1因子の＋のある傾向を示していると考えられる。これらから考えられることは，デートやコンパにはピンクという色が場に合致しており，男子大学生にも容認されていることを示している。華やかで鮮やかなピンク色が女性の華やかさやかわいらしさというイメージにもつながると考えられる。男子大学生にとっては，ピンク色の服がデートやコンパにふさわしい服装であると容認されていることが考えられる。－（マイナス）には大学での授業におけるガングロ（－0.88）やミュー

表4-1 主因子法による因子分析結果

因子	第1因子	第2因子	第3因子	第4因子
寄与率	34.1	23.2	10.8	6.2
累積寄与率		57.3	68.1	74.3
固有値	0.348	0.220	0.107	0.058

第4章　女子大学生の流行に対する男子大学生の反応

表4-2　各因子別因子負荷量

場面／項目	第1因子	第2因子	第3因子
コンパ／ガングロ	0.45	−0.48	0.29
コンパ／茶髪	0.59	0.33	0.58
コンパ／蛇革	0.52	0.86	−0.36
コンパ／スキンジュエリー	0.43	0.84	−0.57
コンパ／ビーズアクセサリー	0.56	0.17	−0.02
コンパ／カーディガン	−0.59	−0.73	0.45
コンパ／ハイソックス	−0.28	−0.82	0.46
コンパ／ミュール	−0.24	0.09	−0.55
コンパ／厚底ブーツ	−0.48	0.04	−0.39
コンパ／ピンク色	0.78	0.52	−0.21
授業／ガングロ	−0.88	−0.48	0.29
授業／茶髪	0.65	−0.33	0.66
授業／蛇革	−0.55	−0.81	0.16
授業／スキンジュエリー	−0.43	0.24	−0.27
授業／ビーズアクセサリー	−0.38	0.17	0.02
授業／カーディガン	0.08	−0.13	0.78
授業／ハイソックス	0.22	−0.02	0.84
授業／ミュール	−0.72	0.09	−0.43
授業／厚底ブーツ	−0.41	0.34	−0.30
授業／ピンク色	0.66	0.43	−0.25
デート／ガングロ	−0.76	−0.40	0.19
デート／茶髪	0.65	0.11	0.38
デート／蛇革	−0.52	0.80	−0.30
デート／スキンジュエリー	0.63	0.66	−0.07
デート／ビーズアクセサリー	0.82	0.17	−0.02
デート／カーディガン	0.57	0.69	0.45
デート／ハイソックス	0.48	−0.82	0.46
デート／ミュール	0.14	0.24	−0.55
デート／厚底ブーツ	0.08	−0.71	−0.32
デート／ピンク色	0.81	0.29	−0.23
クラブ／ガングロ	0.45	−0.48	0.29
クラブ／茶髪	0.59	0.33	0.58
クラブ／蛇革	0.52	0.86	−0.36
クラブ／スキンジュエリー	0.43	0.84	−0.57
クラブ／ビーズアクセサリー	0.56	0.17	−0.02
クラブ／カーディガン	−0.59	−0.73	0.45
クラブ／ハイソックス	−0.28	−0.82	0.46
クラブ／ミュール	−0.24	0.09	−0.55
クラブ／厚底ブーツ	−0.48	0.04	−0.39
クラブ／ピンク色	0.78	0.52	−0.21

旅行／ガングロ	−0.88	−0.57	0.19
旅行／茶髪	0.65	−0.03	0.56
旅行／蛇革	−0.55	−0.51	0.07
旅行／スキンジュエリー	−0.43	−0.14	−0.08
旅行／ビーズアクセサリー	−0.10	−0.47	0.22
旅行／カーディガン	0.23	−0.03	0.78
旅行／ハイソックス	0.11	−0.10	0.76
旅行／ミュール	−0.72	0.13	−0.60
旅行／厚底ブーツ	−0.49	0.39	−0.71
旅行／ピンク色	0.46	0.12	0.35
クリスマス／ガングロ	−0.88	−0.70	0.05
クリスマス／茶髪	0.52	−0.19	−0.38
クリスマス／蛇革	−0.42	−0.72	−0.04
クリスマス／スキンジュエリー	0.22	0.46	−0.67
クリスマス／ビーズアクセサリー	0.69	0.48	−0.42
クリスマス／カーディガン	0.57	0.69	0.45
クリスマス／ハイソックス	−0.48	−0.02	0.16
クリスマス／ミュール	−0.22	0.58	−0.25
クリスマス／厚底ブーツ	0.08	−0.61	0.36
クリスマス／ピンク色	0.61	0.20	−0.03

ル（−0.72）が挙がった。これらは大学の授業には場違いであることを示している。男子大学生は授業という場面において，ガングロやミュールは容認しない傾向にある。ガングロやミュールでは授業という学習をする場面にはそぐわないと考えているのである。よって，その場に合った服装であるか否かを考えることから，この第1因子はＴＰＯ（time place occasion）をふまえる因子であると考えた。ＴＰＯは，時間，場所，状況（場面）の略語として一般的に使用されている。

　これらの結果は，たとえば，ガングロが流行しており，ガングロ自体を容認したとしても，そのスタイルで少なくとも大学の授業には来ないでほしいと男子大学生の多くの者が思ったことを示している。厳しい見方をすれば，学問をする場面において，勉強をしようという気構えが，ガングロにはないという判断であろう。このことから，一般的には私語が多く，授業態度が悪いと言われている現在の大学生においても，大学の教室内は，勉強する場所であると認識されていることがうかがえる。そして，少なくともその場にふ

第4章 女子大学生の流行に対する男子大学生の反応　71

表4-3　各因子別因子得点の絶対値の高い項目

場面／項目	第1因子
デート／ビーズアクセサリー	0.82
デート／ピンク色	0.81
コンパ／ピンク色	0.78
授業／ガングロ	－0.88
授業／ミュール	－0.72
クリスマス／ガングロ	－0.70

場面／項目	第2因子
コンパ／蛇革	0.86
コンパ／スキンジュエリー	0.84
デート／蛇革	0.80
コンパ／ハイソックス	－0.82
授業／蛇革	－0.81
クリスマス／蛇革	－0.72

場面／項目	第3因子
授業／ハイソックス	0.84
授業／カーディガン	0.78
デート／カーディガン	0.69
デート／厚底ブーツ	－0.85
旅行／厚底ブーツ	－0.71
旅行／ミュール	－0.60

さわしい服装というイメージも各自が抱いていることも推察できる。男子大学生は，大学の授業にふさわしい女子大学生の服装イメージを抱いているのである。

② 第2因子（センスの因子）

表4-3から絶対値が0.70以上の大きな数値に着目すると，＋にコンパ／蛇革 (0.86)，コンパ／スキンジュエリー (0.84) およびデート／蛇革 (0.80) が挙がった。一方，第2因子の－はコンパ／ハイソックス (－0.82)，授業／蛇革 (－0.81) およびクリスマス／蛇革 (－0.72) が挙がった。

すなわち，＋においては，コンパやデートのような出会いや盛り上がりを期待している。遊び心が優先されるコンパやデートの場においての蛇革やスキンジュエリーは，目立つ存在であり，遊びの要素を含んでいる素材でもあ

る。また，蛇革は今年の流行でもある。そこでは自己アピールや楽しい雰囲気が大切である。男子大学生にとっては，そのような場での蛇革は好ましいのであろう。一方，－においては，コンパのハイソックスや授業での蛇革であった。これらはその場には合致していない。ハイソックスは地味でまじめなイメージがある。また，高校生のイメージでもある。よって，酒も飲むコンパにはふさわしいとは言いがたい。コンパで，感性が試されているのである。フィーリングという言葉のとおり，お互いに気が合わなければ，楽しいコンパにはならないであろう。逆に，授業での蛇革は意味がない。授業ではおとなしい感じ，清楚な感じが良いとされている。

コンパのハイソックスや授業の蛇革は，その場をふまえて，その場に合わせるセンスがないと考えられる。ここではセンスの有無が問われているのである。場違いという第1因子とは少しニュアンスが違っている。場違いの中には無礼，失礼といった制裁的なものも含まれる。この第2因子は，そういう厳しいものではなく，場に合わせる感性，センスの有無がキーワードである。同じ蛇革をいつ，どのように用いるのかという感性である。このことから第2因子はセンスの因子であると考えた。

③　第3因子（機動性の因子）

表4-3から絶対値が0.70以上の大きな数値に着目すると，＋に授業／ハイソックス（0.84）や授業／カーディガン（0.78）が挙がった。一方，第3因子の－にはデート／厚底ブーツ（－0.85），旅行／厚底ブーツ（－0.71）が挙がった。旅行やデートという移動を伴う行動に，厚底ブーツでは動きにくい。一方，授業を受ける服装としてハイソックスやカーディガンは何ら支障のない服装である。そこで第3因子は動きやすさや動きにくさに着目をして機動性の因子と名づけた。

各因子の命名をして，その特徴づけを行なうことは，男子大学生が認めた流行の本質を推察する指標となる。

(2) 男女の比較―女子大学生との容認度の差―

　容認度の男女差を見るために，6つの場面ごとに，10項目の男女の平均値を図4-1に示した。すなわち図4-1の縦軸の点数は調査対象者がその項目（横軸）に対して5段階評点法の1から5までの数値で回答したものの平均値である。たとえば，図4-1の容認度の男女差（コンパ）という図中の厚底ブーツでは，男子大学生が1.9，女子大学生が3.8という平均値となった。コンパという場面において，男子大学生が厚底ブーツを5段階で1.9しか認めていない。これは男子大学生がコンパでは厚底ブーツを認めていない者が多いことを示す。一方，女子大学生の平均値は3.6であったので，女子大学生の多く厚底ブーツを認めている者が多いと言えよう。また，例とした厚底ブーツはコンパという場面においては，他の9項目と比較して平均値の差が一番大きく，男女差は1.9となった。

　これに対して同じ図4-1のコンパでの場面であっても，ピンク色は男女共に4.0であり，まったく同じ値の平均値となった。これはコンパという場面では男子大学生も女子大学生もピンク色を認めていることを示すのであ

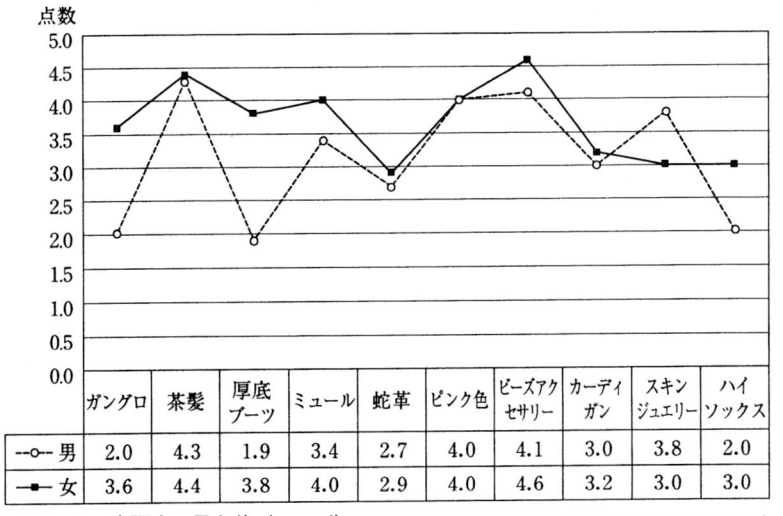

	ガングロ	茶髪	厚底ブーツ	ミュール	蛇革	ピンク色	ビーズアクセサリー	カーディガン	スキンジュエリー	ハイソックス
--○-- 男	2.0	4.3	1.9	3.4	2.7	4.0	4.1	3.0	3.8	2.0
―■― 女	3.6	4.4	3.8	4.0	2.9	4.0	4.6	3.2	3.0	3.0

図4-1　容認度の男女差（コンパ）

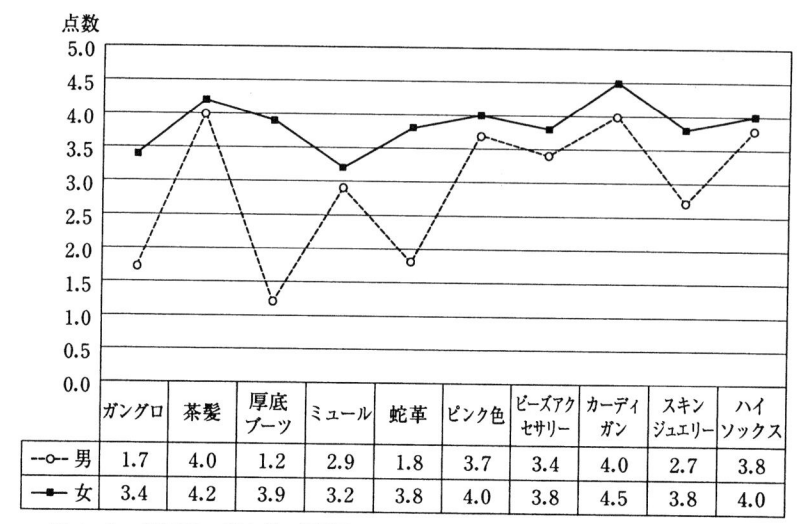

	ガングロ	茶髪	厚底ブーツ	ミュール	蛇革	ピンク色	ビーズアクセサリー	カーディガン	スキンジュエリー	ハイソックス
男	1.7	4.0	1.2	2.9	1.8	3.7	3.4	4.0	2.7	3.8
女	3.4	4.2	3.9	3.2	3.8	4.0	3.8	4.5	3.8	4.0

図4-2　容認度の男女差（授業）

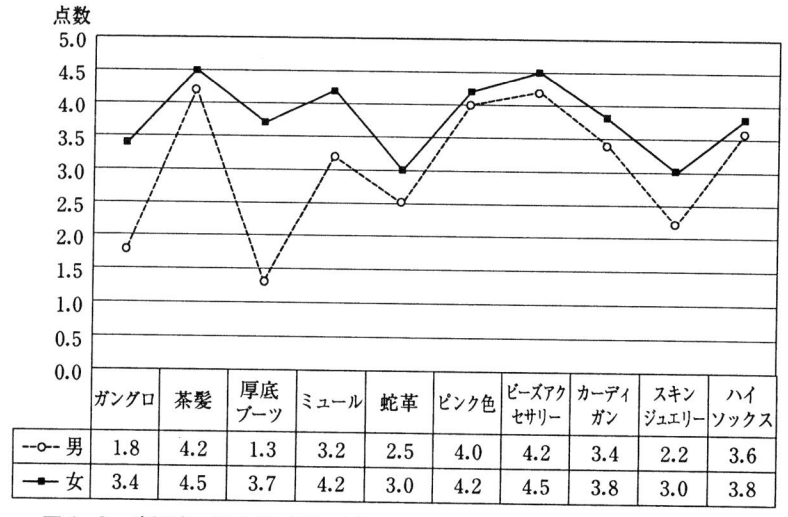

	ガングロ	茶髪	厚底ブーツ	ミュール	蛇革	ピンク色	ビーズアクセサリー	カーディガン	スキンジュエリー	ハイソックス
男	1.8	4.2	1.3	3.2	2.5	4.0	4.2	3.4	2.2	3.6
女	3.4	4.5	3.7	4.2	3.0	4.2	4.5	3.8	3.0	3.8

図4-3　容認度の男女差（デート）

る。このように，男子大学生と女子大学生との平均値が近い項目と遠い項目があった。

　図4-1の1から6までの6枚の図によると，以下の点が明らかになっ

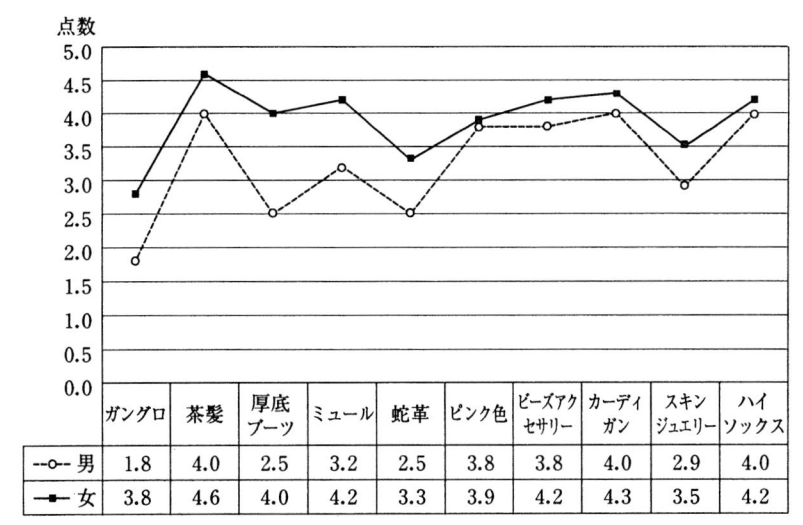

第4章　女子大学生の流行に対する男子大学生の反応　75

	ガングロ	茶髪	厚底ブーツ	ミュール	蛇革	ピンク色	ビーズアクセサリー	カーディガン	スキンジュエリー	ハイソックス
--○-- 男	1.8	4.0	2.5	3.2	2.5	3.8	3.8	4.0	2.9	4.0
—■— 女	3.8	4.6	4.0	4.2	3.3	3.9	4.2	4.3	3.5	4.2

図4-4　容認度の男女差（クラブ・サークル）

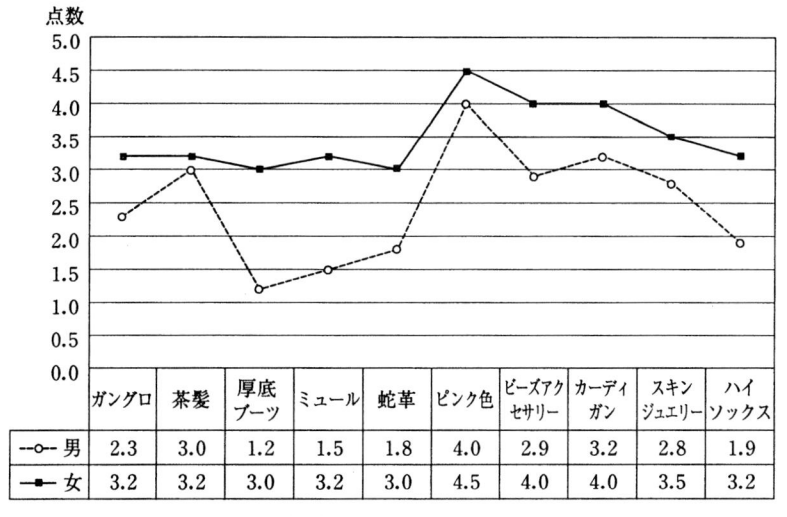

	ガングロ	茶髪	厚底ブーツ	ミュール	蛇革	ピンク色	ビーズアクセサリー	カーディガン	スキンジュエリー	ハイソックス
--○-- 男	2.3	3.0	1.2	1.5	1.8	4.0	2.9	3.2	2.8	1.9
—■— 女	3.2	3.2	3.0	3.2	3.0	4.5	4.0	4.0	3.5	3.2

図4-5　容認度の男女差（旅行）

た。第1に，いずれの場面でも女子大学生の容認度の平均値が男子大学生の平均値に比べると高いことである。当然のことながら，同性の流行項目（アイテム）を是認する傾向が強いと考えられる。唯一，男子大学生の平均値が

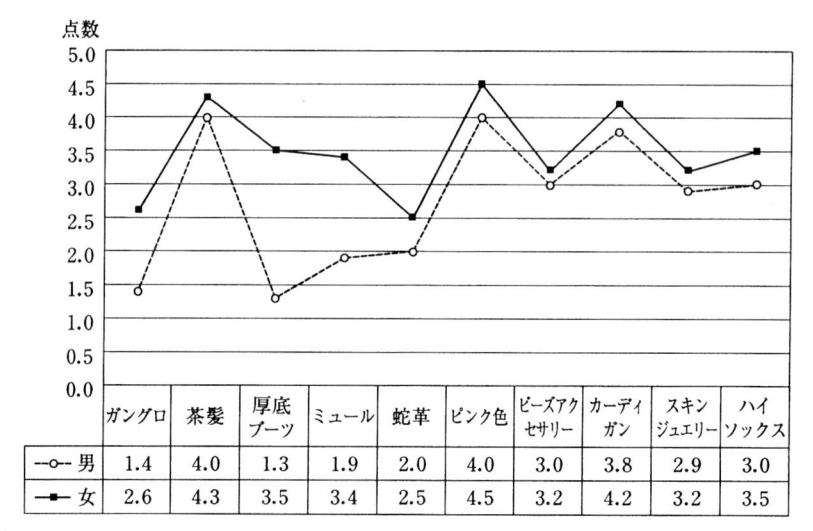

	ガングロ	茶髪	厚底ブーツ	ミュール	蛇革	ピンク色	ビーズアクセサリー	カーディガン	スキンジュエリー	ハイソックス
--○-- 男	1.4	4.0	1.3	1.9	2.0	4.0	3.0	3.8	2.9	3.0
—■— 女	2.6	4.3	3.5	3.4	2.5	4.5	3.2	4.2	3.2	3.5

図4-6 容認度の男女差(クリスマス)

女子大学生よりも高くなった項目は，コンパという場面のスキンジュエリーのみであった。第2に，ほとんどの場面で男子大学生が否定的な項目は厚底ブーツとガングロであった。厚底ブーツは，図4-1コンパでは1.9，図4-2授業では1.2，図4-3デートでは1.3，図4-4クラブ・サークルでは2.5，図4-5旅行では1.2，図4-6クリスマスでは1.3となった。クラブ・サークル以外は平均値が2.0以下となり，容認していない者が多いことが示された。ガングロは，図4-1コンパでは2.0，図4-2授業では1.7，図4-3デートでは1.8，図4-4クラブ・サークルでは1.8，図4-5旅行では2.3，図4-6クリスマスでは1.4となった。旅行以外は平均値が2.0以下となり，容認していない者が多いことが示された。

　これらを単なる平均値ではなく，男女の差が統計的に有意であるか否かを調べるために，t検定を行なった。たとえば，図4-1のコンパという場面において，厚底ブーツの男子大学生702人の平均値は1.9で標準偏差は0.8であった。女子大学生502人の平均値は3.8で標準偏差は1.0であった。この場合 $t=39.09$ で，1%の有意水準で男子大学生と女子大学生の容認度には差

第4章 女子大学生の流行に対する男子大学生の反応

表4-4 場面における容認度の男女差（t検定結果）

項目／場面	コンパ	授業	デート	クラブ	旅行	クリスマス
ガングロ	23.8**	30.1**	28.5**	42.2**	11.3**	32.2**
茶髪	2.5*	2.2*	2.1*	2.4*	1.8	2.2*
蛇革	3.8**	14.2**	2.5*	10.4**	18.6**	20.0**
スキンジュエリー	6.9**	9.2**	10.4**	8.3**	7.7**	2.4*
ビーズアクセサリー	2.5*	2.3*	8.2**	4.4**	8.0**	2.4*
カーディガン	3.6**	4.8**	9.2**	5.2**	10.4**	4.0**
ハイソックス	7.4**	2.0*	2.4*	2.4*	12.8**	6.8**
ミュール	4.2**	3.9**	8.1**	16.8**	24.1**	28.1**
厚底ブーツ	39.0**	37.5**	40.2**	28.9**	28.8**	30.6**
ピンク色	0.0	1.2	2.4*	1.8	2.0*	2.5*

注）有意水準は＊＊＞2.579，＊＞1.960である。

があると言えた。同じく，図4-1のコンパという場面において，ガングロの男子大学生702人の平均値は2.0で，標準偏差は1.2であった。女子大学生502人の平均値は3.6で，標準偏差は1.3であった。子の場合 t ＝23.82で，1％の有意水準で男子大学生と女子大学生の容認度には差があると言えた。このような t 検定の結果を表4-4にまとめた。

表4-4に示したように横軸に場面を縦軸に項目とを組み合わせた。この表4-3のとおり，ガングロ，カーディガン，ミュール，厚底ブーツの4項目には男女間ですべての場面で1％の有意水準で差があった。一方，あまり大きな差が得られなかったのはピンク色である（表4-3）。

有意水準1％での差があったガングロ，カーディガン，ミュール，厚底ブーツの4つの項目については，以下のように考えることができる。

ガングロについては，女子大学生には認められてはいるが，もともとは大学生よりもむしろ，高校生の流行である。多くの女子大学生がガングロをしているとは考えられない。ただし，ガングロまではいかなくとも，口紅の色やファンデーションの色をそれに近い色にすることは可能である。たとえば，薄い色の口紅もそうである。化粧方法の1つであるので，女性としては興味，関心を持つものであることと考えられる。そして化粧という自己表現であるからこそ，因子分析によって得られた第1因子のTPOの要因や第2

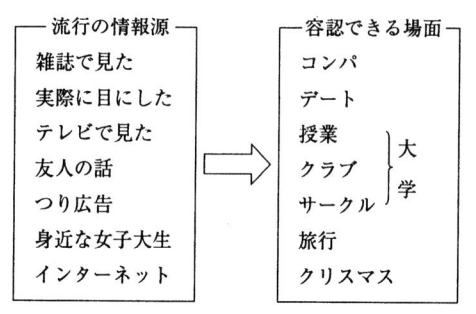

```
┌── 流行の情報源 ──┐     ┌── 容認できる場面 ──┐
│ 雑誌で見た        │     │ コンパ              │
│ 実際に目にした    │     │ デート              │
│ テレビで見た      │  ⇒  │ 授業    ┐          │
│ 友人の話          │     │ クラブ  │大学       │
│ つり広告          │     │ サークル┘          │
│ 身近な女子大生    │     │ 旅行                │
│ インターネット    │     │ クリスマス          │
└──────────────────┘     └──────────────────┘
```

図4-7　女子大学生の情報源と容認場面

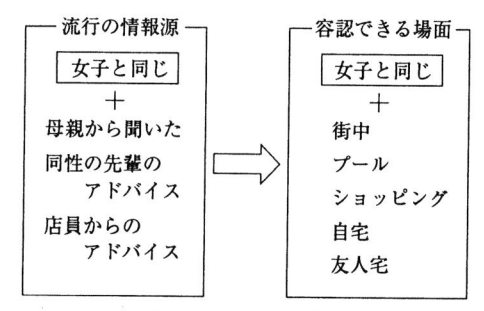

```
┌── 流行の情報源 ──┐     ┌── 容認できる場面 ──┐
│ [女子と同じ]      │     │ [女子と同じ]        │
│      ＋           │     │      ＋             │
│ 母親から聞いた    │  ⇒  │ 街中                │
│ 同性の先輩の      │     │ プール              │
│   アドバイス      │     │ ショッピング        │
│ 店員からの        │     │ 自宅                │
│   アドバイス      │     │ 友人宅              │
└──────────────────┘     └──────────────────┘
```

図4-8　男子学生の情報と容認場面

因子で得られたセンスが問われるのである。

　次に，カーディガンは多くの場面で3～4あたりの平均点を得ている項目である。どちらかといえば，流行の中では無難なものであると考えられる。

　最後に，厚底ブーツやミュールは第3因子で得られた機動性には劣っている。歩きにくい，動きにくい靴である。一緒にデートをしていても，また大学内を移動していたとしてもおそらく機動的ではないものに，男子大学生は容認しがたいのであろう。

　よって，女子大学生の流行を認める，認めないという背景には，TPOやセンス，機動性という因子が抽出されたが，それは男子大学生が自分と一緒に行動してくれるときに重要視することである。たとえば，一緒に居るときに場違いな服装や化粧は好ましくないと感じているのである。また，一緒に行動するときに，動きにくい，機動性のないものは認めがたいのであろう。

一方，茶髪やピンク色などは多くの場面で男女ともに容認度が大きい項目であった。すなわち，男女の差が小さい項目であった。これらは男子大学生も女子大学生も受け入れやすい，もしくはすでに受け入れている項目である。男女共に受け入れやすい流行であると考えられる。ここで，図4-7には男子大学生の情報源と容認場面をまとめた。図4-8には女子大学生の情報源と容認場面をまとめた。

5．まとめ

(1) コンビニの役割
予備調査の結果から，大学生が流行を知るきっかけとなる場所としてコンビニが推察された。

(2) 男子大学生からみた女子大学生の流行
男子大学生からみた女子大学生の流行では，主に3つの要因を得た。たとえば第1因子は＋がデート／ビーズアクセサリー，－が授業のガングロが象徴するように，その場にいかに合っているのかを示す因子になった。これらをTPOの因子と名づけた。また，第2因子は＋に代表されるものとしてコンパ／蛇革，－はコンパ／ハイソックスが挙がった。遊び心が優先される場においてのセンスが問われているので第2因子をセンスの因子を名づけた。第3因子は＋が授業／ハイソックス，－がデート／厚底ブーツであった。旅行やデートという移動を伴う行動に，厚底ブーツでは動きにくい。そこで第3因子は機能の因子と名づけた。

(3) 6つの場面と流行にしている10項目との関係
10項目の流行しているものについて，6つの場面ごとに男女共に平均値を算出した。さらに男子大学生と女子大学生と平均値に差があるのか否かを調べるためにt検定を行なった。この検定の結果，10項目中4項目において6

場面のすべてにおいて1％の有意水準での大きな差があった。差が現われた項目は，ガングロ，カーディガン，厚底ブーツ，ミュールであった。これらの4項目は，女子大学生が容認していても男子大学生にとっては容認度が低い流行であることがわかった。特にガングロは不人気であった。これは美白という言葉が流行を示すように，白さへの肯定があると推察できる。

［注］
1） 神山進『衣服と装身の心理学』関西衣生活研究会，29頁，1990年を参照。
2） 上掲書を参照。
3） 中田善啓／石垣智徳「消費者態度の進化―流行のメカニズム―」甲南経営研究，甲南大学経営学会，Vol. No. 5, 49-78頁，1998年。
4） 社団法人日本繊維製品消費科学会編『わたしにもできる消費者の情報調査』弘学出版，vii, 107頁，2000年の3頁引用。
　　集合調査法とは「所定の場所に調査対象者を集めて，調査票を配布し調査員が説明し，その場で回答を記入してもらう方法である。学校や会社などでよく用いられる方法である。回収率が高く，費用も安くすむが，調査会場の雰囲気が回答に影響する可能性がある。」
5） 社団法人日本繊維製品消費科学会編『わたしにもできる消費者の情報調査』弘学出版，vii, 107頁，2000年の2‐3頁引用。
　　郵送調査法とは「調査対象者に調査票を郵送し，調査票の記入後に返送してもらう方法である。広範囲の調査対象者を調べることができるが，回収率は一般に低く，20～30％のことは，まれではない。回収率があまり低いと質の高い調査とはいえないので，回収率を上げる工夫が必要である。郵送調査法と配票調査法を組み合わせた方法を用いる場合もある。この方法には，調査対象者に調査票を郵送し後日に回収に伺う場合（郵便回収調査法）と，調査対象者を訪問し調査票を渡し，回答後に調査票を返送してもらう場合（配布郵送調査法）がある。」
6） ネイルをした後，爪を乾かせるために用いる小さな扇風機。
7） 堀洋道／山本真里子／松井豊編『人間と社会を測る心理尺度ファイル』垣内出版，48-49頁，1994年，初版。
8） 芝祐順『因子分析法』東京大学出版会，16-24頁，1979年初版。「主因子法とは一言でいえば，多変量の間に共通にみられる変動のうち，第1因子から順次，因子寄与を最大とするように因子を定める方法である。」16頁。
9） 佐々木土師二『購買態度の構造分析』関西大学出版部，86-105頁，1988年。

参考文献

1) 青木幸弘「消費者関与概念の尺度化と測定―特に,低関与型尺度開発の問題を中心として―」商学論究,Vol. 38, No. 2, 129-156頁,1990年。
2) 石井淳蔵『ブランド―価値の創造―』岩波書店,岩波新書634,1999年。
3) 神山進『衣服と装身の心理学』関西衣生活研究会,29頁,1990年。
4) 佐々木土師二『購買態度の構造分析』関西大学出版部,1988年。
5) 清水功次『マーケティングのための多変量解析』産能大学出版部,1998年。
6) 芝祐順『因子分析法』東京大学出版会,1979年初版。
7) 高木修監修『被服行動の社会心理学』北大路書房,1999年。
8) 竹地祐治『定番の源流』Soho出版,1998年。
9) 辻幸恵「流行に敏感である女子大学生の特性とそれに関する要因分析」京都学園大学経営学部論集,Vol. 9, No. 2, 89-108頁,1999年。
10) 中田善啓／石垣智徳「消費者態度の進化―流行のメカニズム―」甲南経営研究,甲南大学経営学会,Vol. 39, No. 5, 49-78頁,1998年。
11) 藤井一枝／山口恵子「女子短大生の流行に関する意識と服装の実態―島根と大阪を比較して―」島根女子短期大学紀要,Vol. 36, 61-68頁,1998年。
12) 藤田達雄／土肥伊都子編『女と男のシャドウ・ワーク』ナカニシヤ出版,2000年。
13) 堀洋道／山本真里子／松井豊編『人間と社会を測る心理尺度ファイル』垣内出版,1994年初版。
14) 水尾順一『化粧品のブランド史―文明開化からグローバルマーケティングへ』中公新書1414,中央公論社,1998年。

第5章
大学生活と流行
―男子大学生の流行に対する知識，態度―

1. 緒言

　本研究の目的は調査対象である男子大学生が，流行しているものをどの程度知っているのかを調査し，それらに対する態度を明らかにすることである。本章での態度とは，流行に関して積極的であるのか，あるいは消極的であるのかということとする。そして，流行に積極的な者の特徴を明らかにすることも本研究の目的とする。

　第2章においては，流行を認知する者と認知しない者を分類した。しかしたとえば，そこでは流行を認知していても，消極的な態度である者も存在する可能性がある。すなわち，流行自体はその存在を認めていても，流行に対する受け入れ方が消極的な場合もある。そこで，本章では「流行」に対する態度を積極的と消極的に2種類に分類することとした。なお，本章での流行の範囲も第2章と同様にファッションと雑貨とした。この範囲に関しては本章の予備調査の結果においても，男子大学生が「流行」として挙げたものがファッションと雑貨の範囲に多かったからである。この予備調査に関しては，次の「2．調査方法」で詳細する。なお，大学生を調査対象とした理由は，他章と同様に，中学生および高校生よりも時間的な余裕と金銭的な余裕があるのではないかと考えたからである。また，移動手段も公共の交通機関のみならず，車やオートバイなども利用でき，移動範囲（行動範囲）も中学

生および高校生よりも広い可能性があると考えたからである。また，情報源に関しても携帯電話，インターネットをはじめ，アルバイト先の口コミなど，中学生および高校生と比較した場合に，幅があると考えたためである。

　先行研究として，筆者が女子大学生を対象として，流行の衣服に敏感な者が，どのような要因から影響をつよく受けているのかを調べた[1]。その結果，「ブランドに詳しい」こと，「値段に詳しい」こと，「アルバイトをしている」ことの3つの要因が流行の敏感さに影響を与える要因であることがわかった。なお，流行に関して，女子大学生を大阪と島根という地域で比較した研究では，流行をファッション意識としてとらえている[2]。ファッション意識に関する調査項目として，たとえば「人と違うファッションをしたいですか」，「流行の色やデザインの服を着たいですか」等の項目が挙げられている。

　流行には受け入れるときにパターンがある。それを図5-1に流行の受け入れパターンとして示した。これは男女共に，共通したパターンであると考えられる。前章の第4章において，男子大学生と女子大学生の流行に対する比較を行なったが，それを図5-2に示した。流行については，男子大学生は容認しても，それが一般論と条件付であるものとに分類される。条件の中には相手，場面が含まれる。本章では第4章の結果も踏まえて，男子大学生の態度について解明する。

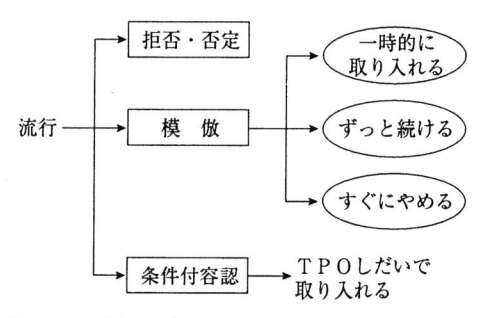

図5-1　流行の受け入れパターン

第5章 大学生活と流行　85

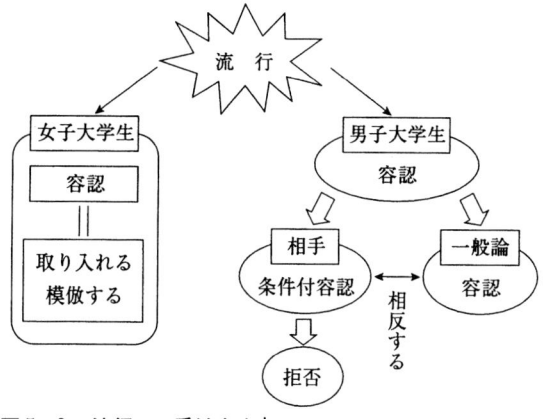

図5-2　流行への受け止め方

2. 調査方法

(1) 予備調査
① 調査期間・対象（1999年10〜11月・男子大学生）

調査地域は関西圏である。主に兵庫県，大阪府，京都府を調査地域とした。調査対象は前述に在住している男子大学生である。調査期間は1999年10月下旬から11月上旬である。人数は171人である。調査方法は8割以上の者に対して，集合調査法を用いて回答を得た。具体的には授業内に質問票を配布して，その調査内容を説明し，その場で回答済質問票を回収した。なお，遠方から通学する学生のみ，郵送法と電話調査法を用いた。

② 質問内容（流行について思い浮かべるもの）

予備調査では，品目別（洋服，鞄，帽子等）に「流行」として思いつくものをすべて答えさせた。たとえば表5-1の上から3行目のベルトは品目で，トラサルディ，ポロはその回答例である。このようなベルトなどの品目は全部で33とした。この予備調査の結果，回答の多かったものは以下のとおりである。

90％以上の回答率　洋服，帽子，バッグ，靴，髪型（小計5）

表5-1　調査表

品目	回答例
(質問)次の品目について，連想するブランド，品物等をなるべく多く記入して下さい。	
洋服	カンサイマン，ミスタージュンコ，クリスエバート
帽子	GAP
ベルト	トラサルディ，ポロ
バッグ	ジャポール・ゴルティエ
靴	ナイキ
音楽，歌手	宇多田ヒカル，浜崎あゆみ，小柳ゆき，グローブ，モー娘
化粧，メイク	ヤマンバ，ガングロ
自動車	デミオ，ワゴンR，サニー，マーチ，パジェロ，ベンツ，BMW，ジャガー
飲食料品	桃の天然水，ラ王，日清とんがらしめん，永谷園のお茶漬け
雑誌	カジカジ，スマート，メンズノンノ，スプリング
・　　　・	他　　　合計33品目

80％以上の回答率　上記以外に歌手，音楽，雑誌，飲食料品，携帯電話，化粧，メイク（小計7）

60％以上の回答率　上記以外に自動車，ゲーム，スポーツ，コミック，広告，旅行先，グルメ，ホテル，プレイスポット，インテリア（小計10）

30％以上の回答率　上記以外にスニーカー，書籍，コミック，観光先（小計4）

30％未満の回答率　靴下，花，植物，都市，ペット，建物，おもちゃ（小計7）

　予備調査の結果から，本研究では流行を主に80％以上の回答率が得られた洋服，帽子，バッグ，靴，髪型，歌手，音楽，雑誌，飲食料品，携帯電話，化粧，メイクの範囲とする。

　これらの回答に次の3種類のカテゴリーが見られた。第1は洋服に関する回答にカンサイマン，ミスタージュンコ，クリス・エバート，帽子に関する回答にGAP，バッグにはジャンポール・ゴルティエのように，「ブランド」名が挙がった。ここで「ブランド」をひとつのキーワードと見なした。第2に飲食料品に関する回答に，桃の天然水というジュース類，ラ王や日清とんがらしめんというインスタント食品，お茶漬けなど男子大学生が日常的に食

しそうなものが挙げられた。これらは「日常生活」の中に密着していると考えられる。そこで「日常生活」をキーワードとした。第3に雑誌に関する項目でカジカジ，スマート，メンズノンノ，スプリングが挙げられた。これはファッションや音楽に関する情報収集の源として考えられる。また携帯電話はまさにコミュニケーションのツールであり，情報源でもある。そこで「情報収集」がキーワードとして考えられる。

よって，カテゴリー内での検討から，3つのキーワードは「ブランド」，「日常生活」，「情報収集」とした。なお，この3つのキーワードに関するそれぞれの項目（洋服，飲食料品，音楽等）の全体に占める割合は，ブランドに関する項目39.2%，日常生活に関する項目が25.9%，情報収集に関する項目が34.9%となった。

(2) **本調査**
① **調査期間・対象（2000年5～6月・男子大学生）**

調査地域は近畿圏である。主に兵庫県，大阪府，京都府を調査地域とした。調査対象は前述に在住している男子大学生500人である。調査の回収率は93.4%で467人となった。回収率が高いのは，集団調査法として授業内に質問票を配布し，その授業内で回収をしたためである。調査期間は2000年5月下旬から6月上旬である。

② **質問内容（態度について）**

男子大学生がどの程度，流行を知っているのか，それらに対する態度はどうなのかということから，それらを知っているいわば，流行に対して積極的な男子大学生の特徴を明確にする目的で行なった。具体的な質問内容は表5-2に示した。たとえばブランドに関する項目内であれば，「知らないブランドでも一度は購入したいと思っている」，「好きなブランドと嫌いなブランドとが明確である」，「新しいブランドに興味がある」などである。「知らないブランドでも一度は購入したい」と思うことは，ブランドに対しても流行に対しても，積極的な態度の1つであると考える。また，「好きなブランド

表5-2　本調査の質問内容

項目	ブランド
内容	①知らないブランドでも一度は購入したいと思っている，②好きなブランドと嫌いなブランドとが明確である，③新しいブランドに興味がある，④ブランドと無印ならばブランドの方を購入する，⑤ブランドに自分は詳しいと思う，⑥ブランド品を人よりもたくさん持っていると思う，⑦他人へのギフトはブランド品の方がよい，⑧ブランド品なら高い値段でもよい，⑨ブランド品は高級なイメージがある，⑩ブランド品は持っていると自慢になる，⑪ブランド品をもらうと無印品よりも嬉しい
項目	日常生活
内容	①アルバイトを週に15時間以上する，②親しいボーイフレンド（あるいはガールフレンド）がいる，③こづかいとして月に3万円以上が自由に使える，④通学時間が40分以上である，⑤夜間の外出は週に2日以上である，⑥通学には公共の交通機関（バス，電車等）を使用している，⑦下宿で生活をしている，⑧食料品は自分で購入する，⑨買い物は好きである，⑩生活費の中で食費の占める割合が一番多い，⑪移動は公共機関（バス，電車）を利用する
項目	情報収集
内容	①テレビを1日に2時間以上見る，②雑誌を見ることが好きである，③深夜の音楽番組は必ず見る，④インターネットをよく利用する，⑤自宅にパソコンがある，⑥CDハウスの会員である，⑦広告を見るのが好きである，⑧友人と話す時間が1日2時間以上である，⑨携帯電話を使うのが好きである，⑩広告は気になる方だ，⑪iモード，e-メールができる

表5-3　各項目別数量化Ⅱ類の結果

項目	ブランド	日常生活	情報収集
判別的中率	82.1%	80.9%	78.5%
相関比	0.701	0.667	0.639

と嫌いなブランドとが明確である」ということは日常的にブランドに接していると考えられる。「新しいブランドに興味がある」ということは，新しいものを受け止める積極さ，すなわちブランドへの情報収集にも流行にも積極的であると言える。

　具体的には，3つのキーワードに関する項目に対して，それぞれの質問に回答をさせた。この場合，5点評価法を用いた。1：まったく思わない，2：ややそう思わない，3：どちらでもない，4：ややそう思う，5：たい

へん思うの5つの評価に対して，各番号で調査対象者に回答させた。すなわち，これらの尺度を用いて，該当する番号に〇をつけさせた。

3. 分析方法（数量化Ⅱ類）

質問票で得た5段階の数値（1～5点）をデータとした。そして，流行に対して積極的か消極的かを知るために，数量化Ⅱ類を用いた。この数量化Ⅱ類は「質的な形で与えられた外的基準を質的な要因にもとづいて予測あるいは判別する方法である。」[3] ここでは，最初に全体として一度，数量化Ⅱ類を用いて，調査対象者を流行に積極的か消極的かに分類した。その次にブランドに関する項目，日常生活に関する項目および情報収集に関する項目別に3回の数量化Ⅱ類を行なった。よって，全体で1回，項目別に3回，数量化Ⅱ類という手法を合計で4回行なったこととなる。

4. 結果・考察

本研究では分析手法として，数量化Ⅱ類を用いた。説明変数は表5-2に示した各項目内の質問である。たとえば，ブランドに関する項目ならば，「①知らないブランドでも一度は購入したいと思っている」が基準であり，その回答の「はい」，「いいえ」がカテゴリーとなる。同様に3つのキーワードの①～⑪までの各項目の各質問が説明変数となる。目的変数（外的基準）は「流行に積極的か消極的か」である。この数量化Ⅱ類を用いることによって，流行に積極的な男子大学生と流行に消極的な男子大学生を分類することができる。この結果，208人が流行に積極的であった。この分析では判別的中率が81.2で相関比が0.692であった。判別的中率は数量化Ⅱ類の精度をみる尺度である[4]。数量化Ⅱ類では判別的中率が75％以上のものが好ましいとされている[5]。よって，判別的中率が81.2の分析は制度が高いと言えよう。次にキーワード別に，流行に積極的な男子大学生の特徴を知る分析結果を表

5-3に示した。各キーワード別においても，いずれも判別的中率が75％以上となった。よって，これらの分析の精度も信頼に値する精度と言える。

さて，キーワードごとに結果をみていくと，流行に積極的な者の特徴は以下のとおりになった。なお，以下に示した質問項目はその項目内の11質問項目内で，レンジが大きいものである。レンジは各質問項目の後に（ ）内に示した。（ ）内のレンジの数値が大きいほど，影響が大きいのである。本研究では目安として，レンジが0.50以上の質問項目を挙げた。

ブランドに関する項目：

　知らない新ブランドでも一度は購入したい（0.85）
　好きなブランドと嫌いなブランドがはっきりしている（0.76）
　新しいブランドに興味がある（0.62）

　ここから考察できることは，知らない新ブランドでも一度は購入したい，新しいブランドに興味があるという項目が挙げられたことから，ブランド自体に関心があることがうかがえる。また，新しいブランドにも興味がある者といえる。好きなブランドと嫌いなブランドがはっきりしていることから，ブランドについての知識が自分なりに蓄積されており，各ブランドの特徴も知っていると考えられる。そして，多くのブランドの中から，自分の好みのブランドを選ぶ者であると考えられる。

日常生活に関する項目：

　自由に使えるこづかいが月3万円以上である（0.76）
　アルバイトを週に15時間以上している（0.65）
　買い物が好きである（0.63）
　夜間の外出が週2日以上である（0.54）

　ここから，考察できることは，自由に使えるこづかいが月3万円以上であり，収入源のアルバイトを15時間以上していることから，お金に余裕があることが考えられる。また，買い物が好きで，夜間の外出が週2日以上である

ことから，買い物を楽しむことができる，あるいは遊びに行くお金があることも推定ができる。ここでのポイントはお金がある者と言えよう。

情報収集に関する項目：
　雑誌を見ることが好きである（0.84）
　自宅にパソコンがある（0.80）
　iモード，e-メールができる（0.66）
　インターネットをよく利用する（0.52）
　ここから，考察できることは，雑誌を見ることやパソコンに関することが多いことから，自分から行動をして情報を得ようとする能動的なところがうかがえる。すなわちiモード，e-メール，インターネットを利用することから自分から常に新しい情報を求めていると考えられる。そこで，情報探求型であると考えられる。よって，情報に関心の深い者ということになる。

5．まとめ

3つの項目に関する要点
　男子大学生のうち，流行に積極的な者は以下のような特徴を持っている。新しいブランドに興味があり，自分の好みでブランドを選ぶ者である。また，お金がある者，情報に関心の深い者である。

［注］
1）辻幸恵「流行に敏感である女子大学生の特性とそれに関する要因分析」，京都学園大学経営学部論集，Vol. 9, No. 2, 89-108頁，1999年参照。
2）藤井一枝／山口恵子「女子短大生の流行に関する意識と服装の実態―島根と大阪を比較して―」島根女子短期大学紀要，Vol. 36, 61-68頁，1999年参照。
3）田中豊／脇本和晶『多変量統計解析法』現代数学社，151頁，1990年を引用。
4）（株）社会情報サービス編『統計解析シリーズ第Ⅱ部基本編』（株）社会情報サービス，334頁，1992年引用。
5）官民郎『多変量解析』（株）社会情報サービス，7-10頁，1991年引用。

参考文献

1) 辻幸恵「流行に敏感である女子大学生の特性とそれに関する要因分析」京都学園大学経営学部論集，Vol. 9, No. 2, 89-108頁，1999年。
2) 神山進『衣服と装身の心理学』関西衣生活研究会，29頁，1990年。
3) 藤井一枝／山口恵子「女子短大生の流行に関する意識と服装の実態―島根と大阪を比較して―」島根女子短期大学紀要，Vol. 36, 61-68頁，1999年。
4) 辻幸恵「男子大学生が容認する女子大学生の流行」ファッション環境学会第9回年次大会口頭発表および同学会「女子大学生の流行に対する男子大学生の反応」投稿中。
5) 田中豊／脇本和昌『多変量統計解析法』現代数学社，151頁，1990年。
6) 芝祐順『因子分析法』東京大学出版会，16-24頁，1979年。
7) (株)社会情報サービス編『統計解析シリーズ第II部基本編』(株)社会情報サービス，334頁，1992年。
8) 官民郎『多変量解析』(株)社会情報サービス，7-10頁，1991年。

第6章
大学生の価値観と流行
　—流行のバッグを購入する場合—

1. 緒言

　本章では，購買行動を説明する要因の1つである価格（値段）を切り口として，女子大学生の流行を考えてみた。小沢が階層消費という言葉と共に「値ごろ感」という価格に対する消費者の感性を示す言葉を提案したのが，10年以上前である[1]。現在においても，衣服購入時の要因として，流行，ブランド，素材，色，デザインのほかに，多くの場合，「価格（値段）」が挙げられている。たとえば，雑誌のプレゼントのコーナーの景品に当選するために行なう簡単なアンケートにさえ，価格（値段）の項目は入れられている[2]。価格は購入時には必ず問題視されるはずである。比較的に自由に金銭を使用できるとしても，モノには適正な価格があるはずである。

　女子大学生といえども，世の中の不況は感じているはずである。本来，お洒落，ファッション，ブランドというようなものは，価格が高いというイメージがあった。「高級婦人服」「高級ブランド」というような言い方もそのイメージを表わす一例であろう。しかし，女子大学生たちが認めるブランドの1つである「ユニクロ[3]」には，低価格の商品が多く，「手軽で親しみやすく，値段もやすい」というイメージがある。もちろん，ユニクロのすべての商品が低価格であるかどうかは，それらの商品ごとの素材や糸の織り方を他商品と比較したうえでの判断が必要である。しかしながら，ここでの焦点

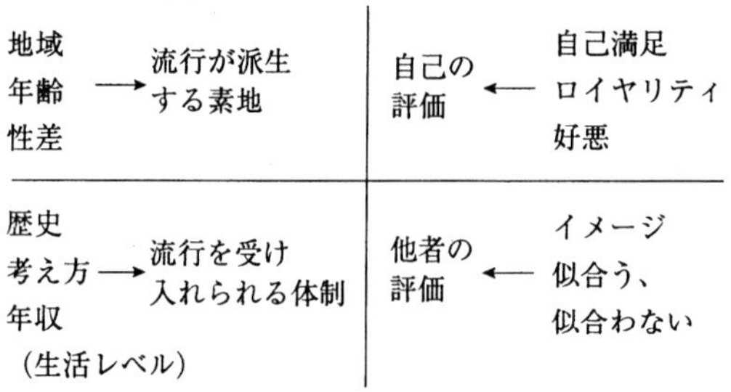

```
地域                      自己満足
年齢  → 流行が派生  自己の  → ロイヤリティ
性差     する素地    評価     好悪
─────────────────┼─────────────────
歴史                      イメージ
考え方 → 流行を受け 他者の → 似合う、
年収    入れられる体制 評価   似合わない
(生活レベル)
```
図 6-1　流行パワーの基本的要因

は，低価格ではあるが，粗悪ではないというイメージがユニクロにはあるということである。「安かろう，悪かろう」という言葉は，かつてメイドインジャパン商品への皮肉であった。ダイエー商品にも同様なイメージを持っている消費者もかつてはいたこともあると聞く。女子大学生をはじめとする比較的に若い年代の多くの消費者が，「ユニクロは安いが粗悪ではない」と認識しているところに，ユニクロというブランドの価値があると言えよう。また，ユニクロと同じようなイメージのブランドには「無印良品」がある。

　第2章では流行を認知するか認知しないかを分類して，認知をしている女子大学生の特徴を明らかにした。また，第3章では流行に敏感な女子大学生の特性と要因を明らかにした。本章では値段を切り口に，若者（本章の場合は女子大学生）を取り巻く環境を考慮したうえで，流行と購買行動についての関係を考察する。なお，購買行動を具体的に考えるうえで，本章では，対象をバッグとした。また，前章からのまとめとして，流行のもとを作る要因を図6-1に示した。

2. 調査方法

　調査期間は2000年11月上旬から11月中旬であった。調査対象は18歳以上25歳未満の女子大学生264人とした。この264人は私立女子大学に在籍している主に大阪府在住の者である。本調査の目的は以下の2つである。

第6章　大学生の価値観と流行

第1に女子大学生の中で流行していると思われるバッグは何かを質問して，それらの価格と値ごろ感を調べることである。第2に女子大学生が価格を他の要因を比較してどの程度，重要視しているのかを明らかにすることである。

具体的な質問内容は以下の(1)～(6)である。

(1) 流行していると思う鞄について：流行していると思われる鞄についてブランドや形などを自由に記述してもらった。これは複数回答である。

(2) 鞄についての価格・購入希望価格：次に上記で集めた回答をもとに，多くの女子大学生が挙げた流行している鞄についての価格，すなわち購入しても良いと思える価格を記述してもらった。

(3) 価格の重要性：最後に他の流行に関する要因（デザイン，色，ブランドなど）と比較して価格がどの程度，重要であるのかを順位づけた。この場合，同順位は認めていない。

(4) 購入先の場所（店舗・業態）：どのような場所でそれらを購入するのかも回答させた。場所としては「一流ブランド店」「お気に入りブランドのショップ」「セレクトショップ」「デパート」「雑貨やさん」「その他」とした。従来の百貨店はデパートに変更し，専門店は「一流ブランド店」あるいは「お気に入りブランドショップ」とした。量販店の代替として「セレクトショップ」と「雑貨やさん」とした。変更した理由は，従来の百貨店というカテゴリーの中には，百貨店内の専門店はどのように扱うのかという疑問が生じたからである。すなわち百貨店に行くのではなく，店内の専門店に行くという目的の回答者が多く，その場合の区分は専門店でよいのかという点である。また量販店というカテゴリーが，回答者によって統一性に欠くことが，アンケート調査から判明したからである。上記のように年齢の若い消費者に，理解しやすいように変更することによって，より購入場所を明確にすることができると考えたからである。

(5) 自分自身のポジショニング：バッグの中においても流行と定番があるとしたら，自分自身はどのポジションのバッグを求めていると思うか。また，自分らしいと思うか。
(6) 高価格のバッグを持つ場面：価格が高いバッグを持つ場面と安価なものを持つ場面について自由に記述をさせた。これは複数回答である。

3. 調査の結果

(1) 流行しているバッグの回答状況

調査対象者の80%が流行していると挙げた鞄のブランドは以下の24項目であった。

ルイ・ヴィトン，プラダ，シャネル，フェラガモ，エルメス，グッチ，コーチ，フェンディ，バーバリー，パロマ・ピカソ，ランセル，クレージュ，エトロ，バリー，ボッテガヴェネタ，ニコル・クラブ，キャンツー，アニエスb，ウプラ，マーキー，オリーブ デ オリーブ，ガールズマーマー，キャセリーヌ，レスポ

以上，読みやすいようにすべてカタカナの表記とした。また，回答数の多かったブランドから順に示した。上記24項目のうち，スーパーブランド（ルイ・ヴィトン，プラダ，シャネル，フェラガモ，エルメス，グッチ）は健在であったことがわかった。

調査対象者の80%が流行していると挙げた鞄の形は人気の高いものからトート型，ショルダー型，ポーチ型，手さげ型，リュック型の順となった。

なお，ポーチで一番人気が高かったのは，レスポであった。レスポは2500円前後での品が特に購入対象となった。形はトートバッグが人気が高かった。リュックは一時よりも人気が下がった。

(2) 購入希望価格

購入してもよいと思った価格は表6-1のとおりになった。表6-1には，

表6-1 ブランドバッグと希望の購入価格

ルイ・ヴィトン35800円，プラダ25000円，シャネル30000円，
フェラガモ24000円，エルメス42000円，グッチ20500円，コーチ12200円，
フェンディ13800円，バーバリー26200円，パロマ・ピカソ14000円，
ランセル18900円，クレージュ12500円，エトロ8800円，バリー10000円，
ボッテガヴェネタ15000円，ニコル・クラブ20000円，キャンツー12000円，
アニエスb10000円，ウプラ8500円，マーキー7800円，
オリーブ デ オリーブ8000円，ガールズマーマー7400円，
キャセリーヌ5800円，レスポ3600円

　女子大学生自身が，流行していると挙げた鞄のブランド名とそのブランドバッグならば，いくらの予算くらいで購入したいかという希望を質問した。そして表6-1には，その回答された希望金額の平均を記した。ただし，100円未満は切り捨てた。

　表6-1によると，エルメスの42000円が最高金額となり，次にはルイ・ヴィトンの35800円であった。また，プラダ25000円，シャネル30000円，フェラガモ24000円，グッチ20500円と6大ブランドに関しては，すべて20000円以上という希望価格となった。一方，どちらかと言えば高校生から人気のあるウプラ8500円，マーキー7800円，オリーブ デ オリーブ8000円，ガールズマーマー7400円，キャセリーヌ5800円，レスポ3600円あたりは，10000円未満の希望価格となった。

　このように，ブランドバッグの希望購入価格といえども，そのブランドごとに希望価格があり，そのブランドをどのように女子大学生がとらえているのか，あるいはそのブランドの売れ筋に（トートやポーチなど）よっても価格が異なってくる。

(3) 購入の際の重要度

　価格の重要性を調べた結果，他の要因と比較した場合，価格は3番目に重要な要因として挙げられた。

　　1位：流行している，2位：ブランド，3位：価格，4位：デザイン，5位：色，6位：使いやすさ，7位：素材，8位：耐久性，9位：大きさ，

10位：服に合わせやすい

上記のように上位に流行，ブランド，価格が回答され，これらの要因が重要視されていることがわかった。また，上記の10の要因の中では服に合わせやすいや大きさ耐久性という要因は，あまり重要視されていなかった。ただし，衣服（スーツ）においてもその選択機会は2回ある[4]。すなわち，購入時と着用時である。この2回の選択において，各々重要視される要因の順位は異なっていたので，本章のバッグについても，購入時に重要視する要因と実際に持つ時に重要視する要因とは，異なっている可能性がある。

(4) ブランド・バッグの購入先

どのような場所でそれらを購入するのかという質問に関しての回答結果は以下のとおりである。

「一流ブランド店」33%
「お気に入りブランドのショップ」31%
「セレクトショップ」10%
「デパート」　　　　12%
「雑貨屋」　　　　　8%
「その他」　　　　　6%（通信販売，海外でを含む）

流行していることやブランド，価格を重要視した場合，一流ブランド店での購入が多くなったことを裏付けている。

もちろん，「流行をどこで知ったのか」ということに関しては，前章の第4章で述べたとおり，雑誌で見た，実際に目にした（見た），テレビで見た，友人の話，通学途中の電車・バス内でのつり広告を見た，身近な女子大学生がしていた等がここでも回答に挙げられた。

(5) 女子大学生の流行と定番におけるポジショニング

流行と定番という横軸と好き嫌いを縦軸として，女子大学生のポジショニングを行なった。その結果を図6-2に示した。流行が好き回答した女子大

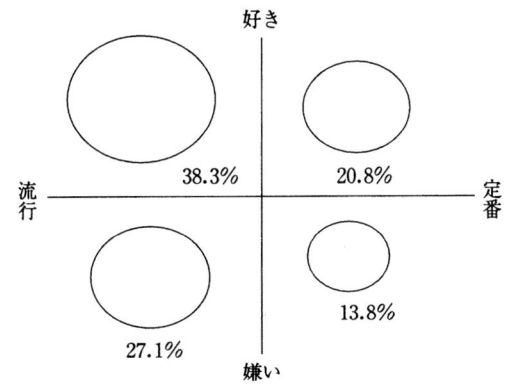

```
         好き
          │
   ╭───╮  │  ╭───╮
   │   │  │  │   │
   │   │  │  │   │
   ╰───╯  │  ╰───╯
   38.3%  │  20.8%
流 ───────┼─────── 定
行        │        番
   ╭───╮  │  ╭───╮
   │   │  │  │   │
   │   │  │  │   │
   ╰───╯  │  ╰───╯
   27.1%  │  13.8%
          │
         嫌い
```

図6-2　大学生のポジショニング

学生は38.3％であった。それに対して定番が好きと回答した者は20.8％であった。また，流行が嫌いと回答した者は27.1％で，定番が嫌いと回答した者は13.8％であった。この結果から，流行が好きという者に対して，流行が嫌いである者も多いように思うかもしれない。しかし，これは自分自身のキャラクターを把握しているとは考えられないであろうか。たとえば，ルイ・ヴィトンのバッグが好きである者の中にも，ルイ・ヴィトンのノエが好きな者もいれば，定番のモノグラムが好きな者もいる。モノグラムの中にも，モンゾー，バビロン，アルマ等さまざまな種類がある。なお，モノグラム・ラインは，頭文字を組み合わせたマークでおなじみのトアル地で耐久性，堅牢性に優れている。また，柔軟性と軽さという特徴があり，女子大学生のみならず，女子就労者にも人気が高い。

　色にしても，ルイ・ヴィトンの黒・ＥＰＩの人気が高い。これは黒という色のラインであるが，実用性を考慮した場合，バッグを黒にしておけば，どのような色の服にでも合わせやすくなる。黒・ＥＰＩの中では，サック・デ・ポール，サン・クルー，カンヌ，キーポル，サック・ア・ド等が人気の高いバッグである。すなわち，ブランドにこだわれば，その中にも流行と定番がある。そして，どちらがバッグとして好きかという判断の結果が図6-2である。

(6) 価格の高低によるバッグの使用状況

　高価なバッグを持ちたいときは特別な場合が多いという結果を得られた。たとえば，結婚式，卒業式，入学式，成人式などの冠婚葬祭の時には，6大ブランドのように，誰でもが，そのブランドを知っているようなものが良いとされた。また，一般的に知らない人がいる状況にもやはり6大ブランドのように高価なものが良い，あるいは皆に知られているブランドが好まれた。一方，大学でのサークルやクラブ，あるいはデートやショッピング，恋人とのお出かけなどには，身近な等身大のブランドを持つことに賛成の者が多かった。ここでは，通学ということから，安価で日常品という感覚のものが良いとされた。

4. 考察

(1) 価格の2極化

　表6-1に示された調査結果から，女子大学生の挙げたブランドの中には6大ブランド（エルメス，ルイ・ヴィトン，プラダ，シャネル，フェラガモ，グッチ）が含まれており，その希望価格はすべて20000円を超えていた。ここに，ブランドバッグは高価でも買いたいという気持ちがうかがえる。それは，高級品というイメージでブランドバッグがとらえられているからである。また，そのようなバッグを持ちたいという憧れでもある。

　一方，ウプラ，マーキー，オリーブ デ オリーブ，ガールズマーマー，キャセリーヌ，レスポは，10000円未満の希望価格となった。これらは高校生にも人気のあるブランドであり，身近な等身大のお洒落ができる若いブランドである。これらのブランドの共通している特徴は，6大ブランドを比較すると販売価格も低いことである。そして手提げ型やトートバッグなど，通学に使用するためのものが多く，どちらかといえば日常品のような実用性を重んじたデザインのものが多い。どちらのブランドも共通要因は流行であっても，このように価格についても2極化が女子大学生の中では起こっている。

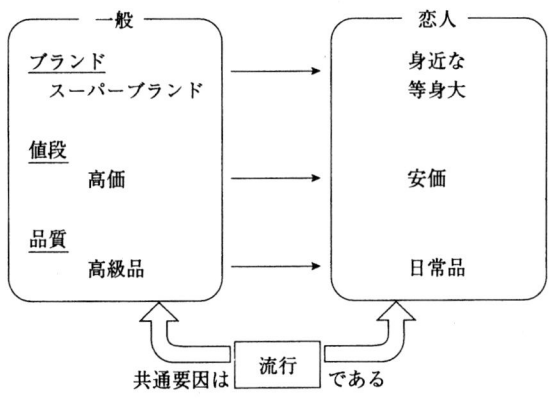

```
┌─ 一般 ───────┐      ┌─ 恋人 ───────┐
│ ブランド      │      │ 身近な        │
│   スーパーブランド │ ──→  │ 等身大        │
│              │      │              │
│ 値段          │      │              │
│   高価        │ ──→  │ 安価          │
│              │      │              │
│ 品質          │      │              │
│   高級品      │ ──→  │ 日常品        │
└──────┬───────┘      └──────┬───────┘
       └────共通要因は │流行│ である────┘
```

図6-3　2つのパターンの要因比較

　これらを図6-3にまとめて示した。また，「3．調査の結果」の(6)で述べたとおり，一般と恋人と言葉に代表して高価と安価の違いを使用状況も図6-3に書き加えた。

(2) 価格感について

　恋人の前ならば，身近な等身大のブランドで，安価で日常的なもの（図6-3）という感覚は，恋人が身内の意識になっているからであろう。一般という感覚は言いかえれば，世間ということであろう。そういう意味では，女子大学生も世間体を気にしているのである。

　また，スーパーブランド（6大ブランド）のような高級品ならば，20000円くらいで購入できれば得であると思っている。これは調査結果の購入希望価格が20000円であることから推察できる。しかし，等身大のブランドでは，すべて10000円以下での購入希望価格から，女子大学生の値ごろ感がうかがえる。高いものと安いものを明確に区別している。そのためには，どのブランドが，どの程度の価格であるのかという情報も持っていると考えられる。

(3) 女子大学生を取り巻く条件

　女子大学生にとっては，価格すなわち金，時間，情報，知識，そして行動

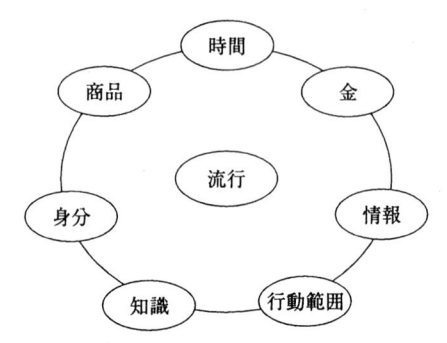

図6-4 流行を取り巻く若者の条件

範囲など制約されている日常生活である。基本的には大学に所属しているのだから，大学での授業を受けなくてはならない。よって，自由には見えるが時間の拘束もある。また，アルバイトをしたとしても，限りなくお金があるわけではない。行動範囲にしても，車を所有していたとしても，どこまでも自由ではなく，ある程度の範囲が決まっている。そのようにある一定の条件の中で，流行をそのように自分の中に取り込んでいくのかが個人の差になってくる。そして限りがある時間，金，情報，行動等から流行を取り込んでいくのである。このイメージを図6-4に「流行を取り巻く若者の条件」として示した。

この取り込み方によって，流行に敏感な者とそうではない者とに分類できると推察する。また，この図6-4の商品というのは，ルイ・ヴィトンのように人気の高いブランドの中には，ある商品は予約をして3か月待つというものもある。そこで商品自体も制限される条件であると考えた。なお，身分とは，女子大学生すなわち学生である。これは社会的なステイタスであると考える。同じ20歳にしても，社会人，学生，フリーター等，その人物の状況は異なり，ここでの調査対象である女子大学生はそのような身分を有する者としてとらえている。中根は「どの社会においても，個人は資格と場による社会集団，あるいは社会層に属している」と解説している[5]。

5. まとめ

(1) 6大ブランドとその他との2極化：スーパーブランド（エルメス，ルイ・ヴィトン，プラダ，シャネル，フェラガモ，グッチ）とウプラ，マーキー，オリーブ デ オリーブ，ガールズマーマー，キャセリーヌ，レスポ等，高校生にも人気のあるブランドで，身近な等身大のお洒落ができる若いブランドとの間に価格の2極化が見られた。

(2) 一般と身内の相違：恋人が身内であり，世間を一般として考えた場合，身内には等身大のブランドや安価なバッグで，一般には6大ブランドのように高価なブランドを持ちたいと思っていることが明確になった。

(3) 限られた条件からの取り込み：女子大学生は，限られた条件の中から流行を取り込もうとしており，その取り込み方によって，流行に敏感な者とそうではない者とに分類されると考えられる。

［注］
1) 小沢雅子『新・階層消費の時代―所得格差の拡大とその影響―』朝日新聞社，1989年。
2) たとえば，雑誌「non・no」の10/5 October No. 19のp. 74には1番から5番までの鞄の写真かある。1番A/TGOODS, 2番バーバリー・ブルーレーベル，3番アニエスベーボヤージュ，4番OZOC SACS, 5番ツモリ チサト キャリーというブランドである。これらの鞄のうちの1つを抽選でプレゼントするというものであるが，この応募葉書の質問が全部で13問ある。この12問目は以下の質問である。
「バッグを選ぶ時のポイントは何ですか？（いくつでも）
ア．値段　イ．形　ウ．色　エ．素材　オ．ブランド　カ．大きさ
キ．収納力　ク．手持ち服に合う　ケ．手持ち靴に合う　コ．身長など体型に合う
サ．軽さ　シ．丈夫さ　ス．その他
ちなみにこの雑誌価格は430円である。
3) ユニクロとは，以下の概要を持つ会社である。
　株式会社ファーストリテイリングのことで，本社は山口県山口市大字佐山717番地1である。設立は昭和38年（1963年）5月1日。事業内容は自社で企画開発したノ

ンエイジ・ユニセックスのカジュアルウエアを「ユニクロ」という店名の郊外型店舗で販売する小売業である。資本金は3174百万円。株式は発行する株式の総数は80000000株，発行済株式の総数26461006株。平成9年11月現在で直営店309店舗，フランチャイズ店11店舗である。平成10年11月に首都圏初の都心型店舗を渋谷区に出店（ユニクロ原宿店），平成11年2月に東京証券取引所市場第一部銘柄に指定。（インターネットより検索）

4） 井手幸恵（現在　辻）「消費者の行為分析―女性の衣服選択と購買行動の解明に向けて―」神戸大学経営学部, Current Management Issues No. 9221S, 41頁, 1992年。

衣服選択時における影響要因の重要度は以下のとおりであった。これは同一人物に衣服の購入時に重要視する要因と着用時に重要視する要因を尋ねた結果である。

購入時には価格は3番目に気になる要因であるが，着用時には最下位の要因で気にならないという結果であった。

選択要因	購入時	着用時	Mann-WhiteneyのU検定量
価格	4.12	2.17	20.0267＊
素材	4.18	3.39	10.6016＊
扱いやすさ	4.00	2.36	16.5119＊
似合うか否か	4.21	4.65	－7.7449＊
色	3.99	3.97	1.2884
着て行く場所	3.72	4.42	－9.4721＊
相手	2.47	4.35	－20.6857＊

スコアは1＝気にならない，2＝やや気にならない，3＝どちらでもない，4＝やや気になる，5＝気になるの5段階の評価方法である。有意水準＊＝0.1
標本数は304。

5） 中根千枝『タテ社会の人間関係―単一社会の理論―』講談社現代新書105, 189頁, 1991年, 第85刷。この中の27頁を引用。

「一定の個人を他から区別しうる属性による基準のいずれかを使うことによって，集団が構成されている場合，「資格による」という。（中略）これに対して，「場による」というのは，一定の地域とか，所属機関などのように，資格の相違をとわず，一定の枠によって，一定の個人が集団を構成している場合をさす。たとえば，××村の成員というように。（中略）同様に，教授・事務員・学生というのは，それぞれの資格であり，R大学の者というのは場である。」このように，中根は学生のステイタスを資格と場から説明している。

参考文献

1) 井手幸恵（現在　辻）「消費者の行為分析―女性の衣服選択と購買行動の解明に向けて―」神戸大学経営学部, Current Management Issues No. 9221S, 41頁, 1992年。
2) 中根千枝『タテ社会の人間関係―単一社会の理論―』講談社現代新書105, 189頁, 1991年, 第85刷。

第7章
若者のギフト観と流行
―女子大学生のクリスマスギフトの場合―

1. 緒言

　本章では，クリスマスイベントを通じて，若者のギフト観とそこに流行がどのような影響を与えているのかを解明する。ここでは調査対象を若者の代表として，女子大学生とする。若者の代表として，女子大学生を選択した理由は，クリスマスイベントに興味を持っている者が多いこと，流行に敏感であること，アルバイト先や雑誌などで情報を得やすく，また多くの情報を得ていると考えられること，さらに深夜のイベントにも参加が可能なことからである。中学生や高校生では，イベント参加の時に未成年としての規制があるので，女子大学生の方がイベント参加を含めて，さまざまな選択の幅が広いと考えたからである。また男子よりも女子を選択した理由は，女子の方がギフトをもらう可能性が高いと考えたからである。当然，先に述べたとおり，流行にも男子大学生よりも女子大学生の方が，敏感であると考えたからである。クリスマスギフトは異性間のみならず，同性間，親子間も含んでいる。しかし，男子大学生を考えた場合，同性間，親子間でのギフトの可能性が低いと判断したので女子大学生を調査対象とした。

　若者のギフト観と流行との関係を明らかにすることの成果は，たとえば，若者がどのようなギフトを望むのかを知ることになる。ギフトの流行も明らかになる。また，クリスマスギフトといえども，その年ごとの流行があるの

かあるいはないのかも明らかになる。このことは，新しいギフト商品の開発にもつながるであろう。また，どのような流行がギフトの影響を与えるのかを知ることもできる。既存の商品に関しても，どのような販売戦略あるいは経路をとればよいのかという指標にもなるであろう。すなわち，若者に対して，どのようなアプローチを用いると効率が良いのかということも予測することができるであろう。このような成果は，無駄な広告を省き，ダイレクトに若者が望むものを提供できる便益がある。そして，流行とギフトを結びつける提案も見つけることができる。それは，ギフト市場をより活発なものにするための手段にもなると考える。

クリスマスというイベントには，誕生日，バレンタインデー，母の日という他のイベントと同様，贈りもの（ギフト）がある。南はギフト自体を贈与行動とみなし，社会に対する影響とギフト市場を次のように解説している。「中元・歳暮，入学祝いや結婚祝い，香典，旅行土産，クリスマス・プレゼント，バレンタインデーと，物や金銭をやりとりする機会は非常に多い。総務庁統計局が行っている家計調査によると，1996年度の1世帯当り年間に支出する「交際費」費目は245,823円，このうち祝儀や香典等の「贈与金」費目は206,417円となっている。「交際費」は年間消費支出全体，3,946,187円の約6％を占める。」[1]クリスマスギフトはこの「交際費」に含まれる。また，交際費は大きな品目では雑費に入る。この雑費自体も家計調査が始められた1950年頃には約20％であったが，その後，増加を続けて1981年には50％を超えた。交際費の他には，教育娯楽費，教育費，自動車関係費等が含まれる。なお，1980年から家計調査において，従来の5大費目を10大費目に変更し，食料，住居，光熱水道，家具家事用品，被服および履物，保健医療，交通通信，教育，教育娯楽，その他（理美容，身の回り用品，たばこ，こづかい，交際費，仕送り金を含む）とした[2]。

なお，クリスマスギフトという言葉を本章では使用するが，このクリスマスギフトには次のようないくつかの意味があると考えられる。第1にクリスマスという期間限定（季節も含む）である。主に12月はじめから24日までで

ある。第2にバレンタインデーやホワイトデー等と比較するとギフトの内容がバラエティーである。たとえば，バレンタインデーにはチョコレートが主流になるが，クリスマスギフトはアクセサリー，衣服，鞄，靴，ＣＤ，菓子，雑貨，本等さまざまな種類の品物が贈答用として考えられるからである。第3にクリスマス商品が街中にあふれており，イベントとして世間的なところがある。バレンタインデーのように主に若者がギフトの交換をするのではなく，親から子どもへ，恋人同士で，友達間で，子どもから親へ，祖父母から孫へというように年齢層も広いと考えられる。第4に自分の気に入ったモノを自分のために買うこともできる。女子大学生はこれを「自分へのご褒美」という表現をする。これに反して，たとえば，バレンタインデーのチョコレートを自分自身のために買うということが少ないと予測される。

　若者の間には誰かがギフトをしているから，あるいは世間がクリスマスをするから私もするという他者の模倣や他者との比較において，ギフトをする者もいるであろう。これはある意味では社会的促進 (social facilitation) と考えられる。社会的促進とは他者の存在が個人のパフォーマンスに及ぼす影響過程のことである[3]。クリスマスは世間一般的なところから，誕生日や敬老の日などと比較すれば，社会的促進が影響するイベントの１つであると考えられる。そういう意味では大晦日のカウントダウンや新年の打ち上げ花火なども社会的促進が影響するイベントと言えよう。

　本章では女子大学生に対して，具体的にたとえば，「2000年12月のクリスマスには何がほしいのか」「クリスマスギフトでは何が重要なことか」「クリスマスギフトの値段はどのくらいが適当だと思うか」等という質問を行なった。そして，ギフトの希望，重要性，適正価格等を調査した。その結果から，「ほしい」と思わせた商品とそのブランド，そして女子大学生のギフトに対する考え方，すなわちクリスマスギフトにおいては，何を重要視するのか，そこに流行は関与しているのかを解明した。

2. 調査方法（集合調査法・郵送法／女子大学生）

　調査期間は2000年10月中旬から下旬である。調査地域は主に関西圏で兵庫県，大阪府，京都府とした。調査対象は前述に在住し，その地域にある女子大学に通学している学生（1回生から4回生）とした。内訳は1回生256人，2回生279人，3回生208人，4回生81人であり，合計824人となった。1000人を調査の対象としたので回収率は82.4%である。これらはすべて授業内の配布とし，回収も原則として授業内に行なった。回収率の高さはそれが原因であると考えられる。また授業内ということで，4回生の調査人数が，他学年と比較すると少なくなっているが，これは就職活動のため，授業への参加が少ないからである。

　調査方法は質問票によるアンケート調査とした。調査の当日はアンケートを配布した担当の教員が，アンケート内容において，わからないところへの質問を受け付けて説明を加えた。このことによって，調査対象である女子大学生の質問に関する解釈は，大学は異なっていても，ほぼ同レベルで行なわれたと推察する。

　なお，質問票を作成するにあたり，9月下旬に1グループを8人単位で構成して，そのグループごとに聞き取り調査を行なった。調査票は通常，質問項目を決めて，その質問項目を細分してより小さな質問項目を作る[4]。今回のグループごとの聞き取り調査は，この項目のもとになるものを作るためである。そのために，お互いに面識のある8人の女子大学生を1つのへやに集めた。そこで約90分間，「今年のクリスマスギフトに何がほしいのか」「今年のクリスマスを誰とどのように過ごしたいのか」「去年のクリスマスには誰とどのように過ごしたのか」「今までにもらったクリスマスギフトで一番よかったものは何か」「ギフトに関しては値段を気にするか」「ギフトでもらうときにはブランドを気にするか」「ギフト選択に口コミ[5]は役に立ったか」等について，自由に発言をしてもらった。この8人単位のグループを5つ作

第 7 章 若者のギフト観と流行

表 7-1 質問表の一部

1) あなたは現在,クリスマスを誰かと過ごす予定はありますか?　　1 はい　　2 いいえ
2) あなたはクリスマスを楽しみにしていますか?　　　　　　　　　1 はい　　2 いいえ
3) あなたはクリスマスギフトを親からもらったことがありますか　　1 はい　　2 いいえ
4) あなたは親以外の誰からかクリスマスギフトをもらったことがありますか?
　　　　　　　　　　　　　　　　　　　　　　　　　　　　　　1 はい　　2 いいえ
　　1 はいと回答した方に尋ねます。それは誰ですか?　下にいくつでも当てはまるところに○をして下さい。
　　1 母親　2 父親　3 祖父母　4 兄弟　5 同性の友人　6 異性の友人　7 上司　8 先輩・後輩
　　9 ボーイフレンド　10 恋人　11 その他
5) あなたは今年クリスマスギフトとしてほしいものがありますか?　　1 はい　　2 いいえ
　　1 はいと回答した方に尋ねます。それは何ですか?　下にいくつでも当てはまるところに○をして下さい。
　　1 バッグ　2 靴　3 衣服　4 アクセサリー　5 小物　6 インテリア　7 化粧品　8 文具
　　9 CD　10 本　11 食品(ケーキ,クッキーなどの菓子を含む)　12 その他
　　また具体的にある人はブランド名や商品名もお書き下さい。
　　例) ヴィトンの財布,プラダのバッグ,ユニクロのフリース,ぷーさんのぬいぐるみ等
　　注) 手袋,マフラーは小物に入れて下さい。帽子は衣服に入れて下さい。
6) クリスマスギフトの値段はどれくらいが適当だと思いますか?　　　　　　　円
　　これはギフトをもらうなら,このくらいという値段をお書き下さい。
7) 自分から他人にあげるなら,どのくらいの値段にしますか?　　　　　　　　円
8) 誰からもらえると嬉しいですか?　下にいくつでも当てはまるところに○をして下さい。
　　1 母親　2 父親　3 祖父母　4 兄弟　5 同性の友人　6 異性の友人
　　7 上司　8 先輩・後輩　9 ボーイフレンド　10 恋人　11 その他
9) 一般的なクリスマスギフトで重要なことは何でしょうか?　1～5 までに○を付けて下さい。

	まったく重要ではない	やや重要ではない	どちらでもない	やや重要	とても重要
①派手である	1	2	3	4	5
②高価である	1	2	3	4	5
③プレミアである	1	2	3	4	5
④上品である	1	2	3	4	5
⑤流行である	1	2	3	4	5
⑥珍奇である	1	2	3	4	5
⑦豪華である	1	2	3	4	5
⑧簡素である	1	2	3	4	5
⑨ワイルドである	1	2	3	4	5
⑩丈夫である	1	2	3	4	5
⑪素材がよい	1	2	3	4	5
⑫ブランドである	1	2	3	4	5
⑬お洒落である	1	2	3	4	5
⑭目立つ	1	2	3	4	5
⑮センスがよい	1	2	3	4	5
⑯話題である	1	2	3	4	5
⑰長持ちする	1	2	3	4	5
⑱無難である	1	2	3	4	5
⑲定番である	1	2	3	4	5
⑳色がよい	1	2	3	4	5

10) 恋人からのクリスマスギフトで重要なことは何でしょうか?　1～5 までに○を付けて下さい。

	重要ではない	やや重要ではない	どちらでもない	やや重要	とても重要
①派手である	1	2	3	4	5
⋮					
⑳色がよい	1	2	3	4	5

11) 何かあなた自身,今年のクリスマスにほしいと思うギフトはありますか?
　　1 ある　　2 ない
　　1 あると回答された方にお尋ねします。具体的には何でしょうか?　お書き下さい。
　　例) プラダのバッグ,ティファニーのハートペンダント,ユニクロのフリース等

成した。よって40人の意見をもとにして，本調査に使用する質問票を作成した。その質問票の一部を表7-1に示した。

なお，フェイスシートの部分で年齢と回生，居住地，通学先大学名，通学方法（バス，電車，車など），通学時間，世帯年収，アルバイトの有無，1か月に自由に使えるお金の金額（こづかいを含む）を質問した。ここでは特定のボーイフレンドがいるかいないかも質問項目として挙げた。なぜならば，一般的なクリスマスギフトに期待するものと，特定のボーイフレンドや恋人に期待するクリスマスギフトに違いがあるのか，あるいは違いがないのかを比較するためである。

3. 集計結果

単純集計の結果，昨年クリスマスを誰かと過ごした者は，全体の約67％であった。今年のクリスマスを誰かと過ごす予定がある者はこの調査を行なった時点では62％で，クリスマスを楽しみにしている者は本調査においては88％であった。クリスマスギフトを親からもらったことがある者は100％で，親以外からもらったことがあると回答した者も100％であった。親以外で多かった回答は祖父母，同性の友人，ボーイフレンド，恋人となった。その他の中には小学校や，習い事先などでのプレゼント交換が含まれた。今年クリスマスギフトとしてほしいものがあると回答した者は75％で，多かった回答はアクセサリー，バッグ，小物であった。そのいずれもが，たとえば，「ティファニーのシルバーリング」「コーチの小ぶりのバッグ」というように，ブランド名も同時に回答されていた。また，ここでの回答に「流行のバッグで……」という表現が多くあった。

回答の中では6大ブランド（スーパーブランド）[6]も多く回答され，老舗ブランドの強さを発揮していると言える。このことから，ほしいと思わせるアクセサリー，バッグ，小物については，ブランドを持つ企業側の広告，販売戦略が成功していると言えよう。各社は雑誌（ノンノやアンアン，カジカジ，

スプリング，ジッパー，ViVi等のいわゆるファッション雑誌)，テレビ等を通じて，広告しているのである。ここで回答として挙げられたブランド名のうち，その多い順に20のブランドを下記に示した。

ティファニー・アンド・カンパニー (TIFFANY & CO.)，ピアジェ (PIAGET)，ブルガリ (BULGARI)，エトロ (ETRO)，ボッテガ・ヴェネタ (BOTTEGA VENETA)，カサンドレ (CASSANDRE)，ブシュロン (BOUCHERON)，コーチ (COACH)，プリマ クラッセ (PRIMA CLASSE)，ニナリッチ (NINA RICCI)，プラダ (PRADA)，シャネル (CHANEL)，フェラガモ (Salvatore Ferragamo)，エルメス (HERMES)，ルイ・ヴィトン (LOUIS VUITTON)，フェンディ (FENDI)，ショパール (CHOPARD)，グッチ (GUCCI)，ロレックス (ROLEX)，ショーメ (CHAUMET)

上記のブランドの中には，宝飾専門のブランドやロレックスのように時計が有名なブランドが混在している。これはアクセサリー，バッグ，小物という回答が多かったために，たとえば，アクセサリーならばティファニー・アンド・カンパニーというような回答と，バッグならばエトロという回答が混在しているためである。

次に，自身が他人からもらうクリスマスギフトの値段が適当だと思った平均金額は4850円であった。金額に関しては上限がないという回答もあった。すなわち，高価であってもギフトとしてもらうならばかまわないという考え方である。ただし，この回答については金額が提示されていなかったので，平均を算出する場合には省いた。なお，自分から他人にあげる値段は平均金額4500円であった。最頻値は5000円であった。そして，自分から他人にあげるという場合の他人は，恋人，ボーイフレンド，先輩の順に多い回答となった。誰からもらえると嬉しいかという質問に対して，ボーイフレンド，恋人，同性の友人，母親が多い順となった。ギフトをする方では，先輩が第3位に入っていたが，ギフトをもらう方には入っていなかった。このようにギフトをあげる対象ともらうと嬉しいと感じる対象とは違うことがわかった。また，一般的なクリスマスギフトなら，こういうギフトがよいと感じるモノ

と，恋人や特定のボーイフレンドからもらうギフトなら，こういうモノがほしいとは異なる品物が回答されていた。たとえば，一般的なギフトとしてもらって嬉しい中にはぬいぐるみや文具も含まれていたが，恋人や特定のボーイフレンドからもらって嬉しいギフトの中ではぬいぐるみや文具は少数意見となる。

　そこで本章においては，一般的なクリスマスギフトで重要なことと恋人からもらうクリスマスギフトで重要なものという2つのパターンを考えて，それらに対して各々質問をした。この単純集計の結果は，一般的なクリスマスギフトで重要なことは，「今年の流行である」，「どちらかといえば高価である」，「2000年のプレミアである」，「どこかのブランドである」が回答の多い順であった。次に，恋人からもらうクリスマスギフトで重要なものは，2人で過ごす2000年最後のクリスマスのための「2人のプレミアである」，「ずっと大切にしたいので長持ちする」，「今年の流行である」，「どこかのブランドである」，「彼のお気にいりのブランドである」，「彼とおそろいのグッズである」，「2人だけのオリジナルである」が回答の多い順であった。

　今年のクリスマスにほしいと思うギフトはあるかという質問に対して，あると回答した者は70％であった。その中では86％の者がブランドの製品を希望していた。このことから，女子大学生にはブランド志向があると考えられる。ブランド志向とは「自己の感性に合致したブランドを好むこと，またはそのようなブランドを求める気持ちがあることをいう」[7]のである。ブランド志向は日本人的な感覚の志向であると言えよう。とにかくブランドならば何でもよいと思うところがあるからである。一般的にあるブランドの顧客は，そのブランドが他よりも優れていると思うからこそ，ブランドの顧客となりうる。すなわち，素材が他よりもすぐれており，使いやすいという理由や，感性，すなわちデザインやセンスが自分の感性と合致しているという理由によって，ブランドを選択するのである。よって，ブランドでありさえすれば，何でもよいと思うのはいわば特別なことである。では，なぜ日本人にはブランド志向があるのか。それはリスク回避である。たとえば，自分の感

性に自信がなくても，それがあるブランドであれば，それ自体が価値を持つ。たとえ，その場面にそぐわっていなかったり，自分自身に似合っていなかったりしたとしても，ブランドであるということを述べて，言い訳にできるからである[8]。

4. 分析方法（因子分析法）

クリスマスギフトに対して表7-1の9)に示した20の質問の各々に1～5までの5段階評点法での回答をさせた。本研究では間隔尺度を用いた[9]。尺度の意味は1がまったく重要ではない，2がやや重要ではない，3がどちらでもない，4がやや重要である，5がとても重要であるとした。これら5段階によって，どのような項目（要因）について，クリスマスギフトは重要なのかが理解できる。本研究では，5段階評点法によって得た各個人の各質問ごとの回答をデータとした。

一般的なクリスマスギフトで重要なことと恋人からもらうクリスマスギフトで重要なことである2つのパターンの回答データを用いて，各々主因子法による因子分析を行なった[10]。よって，因子分析は同じ手法で別々のデータによって，別々に主因子法による因子分析を2回行なった。

5. 結果

上記で行なった2つの因子分析の結果を表7-2に示した。因子分析を用いた結果，一般的なクリスマスギフトにおいては4つの因子が抽出された。これらは一般的なクリスマスギフトにおいて，女子大学生が重要であると判断した要因である。表内の数値は因子負荷量である。因子負荷量の数値が高いほど，その因子の重要性は増す。たとえば，「一般的なクリスマスギフトで重要なこと」の欄の1つ目の流行であるという項目の第1因子の下には，0.81という数値がある。これは上から5つ目の項目である珍奇であるの0.59

表7-2 因子分析の結果（因子別因子負荷量）

一般的なクリスマスギフトで重要なこと

項目	第1因子	第2因子	第3因子	第4因子
流行である	0.81	0.17	−0.02	−0.22
話題である	0.77	0.20	−0.08	−0.17
センスがよい	0.69	0.33	0.01	0.30
目立つ	0.66	0.40	0.21	−0.18
珍奇である	0.59	0.28	0.13	−0.22
高価である	0.56	0.81	0.29	−0.23
豪華である	0.42	0.78	0.52	−0.21
素材がよい	0.33	0.68	0.78	0.52
長持ちする	0.06	0.65	−0.42	0.08
定番である	0.26	0.65	−0.25	0.05
派手である	0.55	0.11	0.88	−0.30
ブランドである	0.58	−0.03	0.76	0.01
お洒落である	0.44	−0.60	0.66	0.06
プレミアである	0.15	−0.03	0.65	0.24
色がよい	0.60	−0.07	0.01	0.56
上品である	0.48	−0.45	−0.11	0.60
丈夫である	0.22	0.46	−0.36	0.68
ワイルドである	0.01	0.32	0.66	0.66
簡素である	−0.43	0.04	−0.57	0.65
無難である	−0.40	0.24	−0.07	0.63

恋人からもらうクリスマスギフトで重要なこと

項目	第1因子	第2因子	第3因子
流行である	0.84	0.28	−0.10
話題である	0.72	0.33	−0.22
センスがよい	0.65	0.04	0.19
プレミアである	0.22	0.89	−0.64
お洒落である	0.01	0.78	−0.62
長持ちする	0.13	0.68	−0.12
ブランドである	0.58	−0.03	0.86
丈夫である	0.22	0.46	0.76
素材がよい	−0.06	0.42	0.68
無難である	−0.50	0.11	0.66
ワイルドである	0.01	0.32	0.60
定番である	0.26	0.56	−0.25
豪華である	0.32	−0.60	−0.34
高価である	0.15	−0.03	−0.60
色がよい	0.60	−0.07	0.01
上品である	0.48	−0.45	−0.11
派手である	0.55	0.11	0.24
簡素である	−0.43	0.04	−0.57
目立つ	0.46	−0.60	−0.21
珍奇である	−0.50	−0.17	−0.38

と比較すると，より重要であるということになる。

　恋人からもらうクリスマスギフトにおいては，3つの主な因子が抽出された。これらの詳細は以下に示す。因子分析の寄与率に関しては次のようになった。なお，寄与率とは各因子の説明の程度をみる指標である。寄与率が高いほど，ある事象に関する説明力があるということになる[11]。

一般的なクリスマスギフト（％）
第1因子27.8　第2因子18.6　第3因子14.4　第4因子10.2　第5因子4.5
恋人からもらうクリスマスギフト（％）
第1因子30.2　第2因子24.1　第3因子16.5　第4因子7.1

　一般的なクリスマスギフトで重要なことについては，第1因子27.8％，第2因子18.6％，第3因子14.4％，第4因子10.2％，第5因子4.5％となった。ここでは，第5因子以降は寄与率が4.5％以下となり，比較的に小さな数値となる。また，第4因子までで累積寄与率が71.0％となるので，本研究では第4因子までを考察の対象とする。

　一方，恋人からもらうクリスマスギフトで重要なことについては，第1因子30.2％，第2因子24.1％，第3因子16.5％，第4因子7.1％となった。ここでは第4因子以降は寄与率が7.1％以下となり，比較的に小さな数値となる。また，第3因子までで累積寄与率が70.8％となるので，本研究では第3因子までを考察の対象とする。

(1)　一般的なクリスマスギフトについて

　表7-2によると，第1因子には，「流行である（0.81）」「話題である（0.77）」「センスがよい（0.69）」「目立つ（0.66）」の4項目の因子負荷量が0.65以上の比較的大きい数値を示した。これらの共通点は「流行（はやり）」であろう。

　第2因子には「高価である（0.81）」「豪華である（0.78）」「素材がよい

(0.68)」「長持ちする (0.65)」「定番である (0.65)」の5項目の因子負荷量が0.65以上の比較的大きい数値を示した。これらの共通点は「高級品」であろう。

　第3因子には「派手である (0.88)」「ブランドである (0.76)」「お洒落である (0.66)」「プレミアである (0.65)」も4項目の因子負荷量が0.65以上の比較的大きい数値を示した。これらの共通点は「ブランド」であろう。

　よって，一般的なクリスマスギフトに求められる主な要因は，「流行」「高級品」「ブランド」であると考えられる。

(2)　恋人からもらうクリスマスギフトについて

　表7-2によると，第1因子には，「流行である (0.84)」「話題である (0.72)」「センスがよい (0.65)」の3項目の因子負荷量が0.65以上の比較的大きい数値を示した。これらの共通点は「流行（はやり）」であろう。

　第2因子には「プレミアである (0.89)」「お洒落である (0.76)」「長持ちする (0.68)」の3項目の因子負荷量が0.65以上の比較的大きい数値を示し

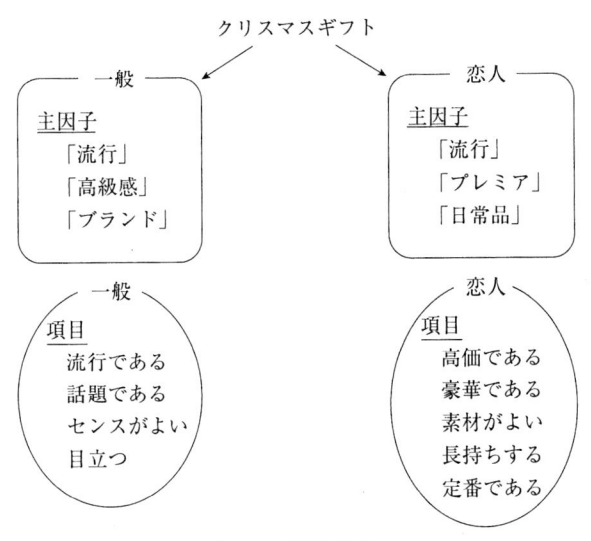

図7-1　クリスマスギフトの構成要素

た。これらの共通点は「プレミア（記念）」であろう。

　第3因子には「ブランドである（0.86）」「丈夫である（0.76）」「素材がよい（0.68）」「無難である（0.66）」の4項目の因子負荷量が0.65以上の比較的大きい数値を示した。これらの共通点は「日常品」であろう。

　よって，恋人からもらうクリスマスギフトに求められる主な要因は，「流行」「プレミア（記念）」「日常品」であると考えられる。これらの主な要因（主因子）とその内訳である項目（たとえば「流行である」「話題である」など）を，一般的なギフトと恋人からもらうギフトの2つに分類して，まとめたものを図7-1に示した。

6. 考察

(1) 一般的と恋人とのギフトの差：上記のとおり，因子分析をした結果，一般的なクリスマスギフトに求められる主な要因と恋人からもらうクリスマスギフトに求められる主な要因は異なっていた。もちろん，「流行である」という要因は，両者ともに第1因子に挙げられていたので，「流行である」ことは，クリスマスギフトには欠かせない大きな要因であることがわかった。流行であることがクリスマスギフトにおいて，重要な要因になるということには次のように考えることができる。
①クリスマス商戦という名のとおり，各企業がクリスマス用に新商品を消費者に提案するからである。それによって，新製品が世の中にあふれ，そこには時代を反映したもの，すなわち流行が含まれているからである。
②雑誌あるいはＴＶ，口コミなどで「今，流行のもの」を目にする機会が多くなるので，おのずと普段はそれほど流行を気にしない者も，いつもよりも流行に敏感になる。

　よって，ブランドを持つ企業にとっては，自社商品がどの程度，流行として認められているのかが，理解できるであろう。また，このクリスマスのギフトには「流行」という要因を付加すればより売り上げを伸ばすことが可能

になるであろう。

(2) 一般的と恋人とのギフトの特徴：一般的なクリスマスギフトに求められる主な要因は,「流行」「高級品」「ブランド」であると考えられる。これに対して,恋人からもらうクリスマスギフトに求められる主な要因は,「流行」「プレミア（記念）」「日常品」であると考えられる。これらの2つの違いは,次のような点にある。

①一般的なクリスマスギフトでは,高級品であるところに含まれる価格が問題になることである。「流行」「高級品」「ブランド」ということでは総合的に価格が高くなる傾向にある。すなわち,今年の流行で高級品を扱うブランド,あるいはブランドの中で高級品であるものとなれば,価格が高くなるのは当たり前である。このような傾向を表わす例としては,回答の中からみると,ルイ・ヴィトン（LOUIS VUITTON）の鞄の中では「ノエ」(83000円),「マレ」(85000円)等が当たるであろう。ルイ・ヴィトンの特徴をよく表わしている人気の高い「シリウス」(126000円)や「ドーヴィル」(100000)は10万円を超える価格であるので,さすがに回答は少数であった。ルイ・ヴィトンの中では1998年の新作のエピをはじめ,エピシリーズが若い層には人気が高い。また,バッグまでは値段が高くて無理であると判断しても,たとえばカード用ポケットつき財布（約40000）やシステム手帳（25000円）,横型ダイアリー（26000円）などはギフトでほしい多くの回答の中に見られた。なお,( )内の金額は『ブランド図鑑』(参考文献参照)による（以下も同じ）。

②恋人からもらうクリスマスギフトでは,「流行」「プレミア（記念）」「日常品」であるが,ここでは記念になるもので,普段に使えるものがポイントになる。よって,恋人からもらいたいと思うギフトの具体例は,一般的なギフトよりも値段的には安い傾向になる。女子大学生は値段よりも,普段,身につけていたり,使えたりする方が良いと判断している。たとえば,流行のブランドバッグにしても,高級路線のスーパーブランドを希望する者よりも,女子大学生にとって身近なブランドであるコーチ（COACH）の小ぶりの

ディバッグ（23000円）やアクアスキュータム（Aquascutum）のソフトな革使用の手提げタイプ（18000円）を希望している場合が多い。コーチにしてもアクアスキュータムにしても，キャンパスバッグが多く，女子大学生が日常的に使用できるタイプの品揃えにすぐれている。そして，これらのタイプの共通点は使いやすさである。また，これらのブランドは女子大学生にとっては，手軽で身近な等身大のブランドと言えよう。

　プレミアという点においては，アクセサリーや小物が回答の上位であった。アクセサリーでは，リング，ペンダント，ネックレス，ブレスレットが回答の多いものであった。小物はオルゴール，インテリア（置物など）が回答の多いものであった。特に，置物については，ペーパークラフト，天然石，オブジェなどさまざまで，感性に訴えるものが目立った。そこには「私だけのオリジナル」という思いが感じられる。すなわち，恋人と共有できる自分の感性（センス）を求めているのであろう。また，「20世紀最後のクリスマス」というような，今世紀最後というものも希望者が多く，20世紀最後という企業の宣伝効果の現われを示している。「万感の思いを胸に20世紀最後のクリスマス」という某企業のコピーであるが，多くの女子大学生にとっては，寿命を考えれば，21世紀を生きていく方が長いので，万感の思いを抱くのは，おそらく20世紀の方を長く生きた人たちであろう。

　いずれにおいても，クリスマスギフトは，その時の流行が大きな要因の1つであり，女子大学生にとっては，期待するギフトがあるイベントには間違いないのである。その時の流行とブランド志向を考えれば，おのずと女子大学生が希望するギフトが見えてくると思われる。

7. まとめ

(1) クリスマスギフトの共通点：一般的なクリスマスギフトと恋人からもらうクリスマスギフトの共通点はともに「流行である」ことであった。流行は，クリスマスギフトには欠かせない重要な要因であることが明らかになっ

た。

⑵　一般的と恋人との差：一般的なクリスマスギフトと恋人からもらうクリスマスギフトには，重要に思う要因に違いがある。一般的なクリスマスギフトに求められる主な要因は，「流行」「高級品」「ブランド」であると考えられる。恋人からもらうクリスマスギフトに求められる主な要因は，「流行」「プレミア（記念）」「日常品」であると考えられる。

⑶　一般的なギフトの高級志向：一般的なクリスマスギフトには特に値段がかかわってくる。高価であったり，高級品であったりすることを望んでいる面がうかがえる。

⑷　恋人からもらうクリスマスギフトのこだわり：恋人からもらうクリスマスギフトには記念や日常的に使用できるものを望む傾向がある。また，自分と恋人との共有される感性（センス）を表現できるようなギフトを求めている。具体的なブランドは高級ブランドよりも，より身近な女子大学生にとって，等身大のブランドの商品を希望する者が多いと言える。恋人の前では，ナチュラルで大学生らしい自分，等身大の自分がよいと考えているからであろう。

［注］
1）　南知恵子『ギフト・マーケティング』千倉書房，2頁，1998年を引用。
2）　風間健『消費者経済学』文教出版，10-12頁，1990年を参照。
3）　長田雅喜編『対人関係の社会心理学』福村出版，17頁，1996年を参照。
4）　日本繊維製品消費科学会編『わたしにもできる消費者の情報調査』弘学出版，5頁，2000年を参考。調査票の作成の手順については以下のとおりである。以下5頁の引用。
　　「①質問項目を決める。②質問項目を細分して小さな質問項目を作る。
　　　③個々の質問で用いる質問の種類（選択肢型，自由回答型）を決める。
　　　④個々の質問文を作る。⑤各質問の配列順序を決める。
　　　⑥調査票の体裁，レイアウトを決める。
　　　⑦予備調査（プリテスト）を実施し，その結果をもとに調査票を修正する。」
5）　田村正紀『マーケティングの知識』日経文庫，日本経済新聞社，104頁，1998年を引用。口コミとは「製品やブランドのうわさ，意見を内容にした，顧客間の口頭で

第7章 若者のギフト観と流行 123

のコミュニケーションを略して口コミといいます。広告などマス媒体によるコミュニケーションは，口コミによって媒介され，2段の流れを形成するといわれます。」
6) 6大ブランドとは，ブランドの中でも日本人がより多くのファンを持つブランドで，下記の6つのブランドのことを言う。これらはスーパーブランドとも言う。
シャネル (CHANEL)，エルメス (HERMES)，ルイ・ヴィトン (LOUIS VUITTON)，フェンディ (FENDI)，グッチ (GUCCI)，プラダ (PRADA)
7) 久世敏雄／斎藤耕二監修『青年心理学事典』福村出版，312頁，2000年を引用。なお，「ブランド志向のプロセスとは，次のとおりである。
(1) 情報入手，(2) ブランド認知，(3) 自己感性の確立，(4) ブランドの購入・使用・保持，(5) ブランド・ロイヤリティ (brand image) の形成。」同頁引用。
8) 「読売ウイークリー2000年12／24号」読売新聞社，93-95頁，2000年参照。
「不況が続き，モノが売れない日本で，売れに売れているモノがある。ルイ・ヴィトンを筆頭とする，高級ブランドものだ。銀座にはブランドの直営店が軒を争い，先月にはルイ・ヴィトン国内最大店舗が銀座のデパートにオープンした。業界では，全世界のブランド品の3，4割が日本で消費されているというのが定説。」93頁引用。
9) 対人行動などを測定する尺度については，堀洋道／山本真理子／松井豊編『人間と社会を測る心理尺度ファイル』垣内出版，652頁，1994年に詳しい尺度が説明されている。感情面を1，2，3，4，5という数値で回答する場合，1と2，2と3とのいわば心的な距離が問題になるであろう。つまり心的，感情面においてきれいに等間隔なのかという疑問が生じるであろう。しかし，本研究を含めて多くの場合，間隔尺度として見なすことが多い。
10) 芝祐順『因子分析』東京大学出版会，16-24頁，1979年を参照。
因子分析を用いる目的については次のように説明される。
「因子分析の主たる目的は，相関行列によって示されている多変量の間の変動を，より少ない数の変動によって説明するのに適した代表的変動としての因子をもとめることである。」16頁引用。
また，本研究で用いた因子分析の中の主因子法に関する説明は次のとおりである。
「主因子法とは一言でいえば，多変量の間に共通にみられる変動のうち，第1因子から順次，因子寄与を最大とするように因子を定める方法である。」16頁引用。
11) 寄与率 (contribution ratio) に関しては次のように説明される。
寄与率は「ある特定個数変量についてのP個の変量 y_i の分散の全変動に対する割合を表している。」竹内啓編『統計学辞典』東洋経済新報社，167頁，1989年 (第1刷) 引用。

参考文献

1) 青木幸弘／岸志津江／田中洋編『ブランド構築と広告戦略』日経広告研究所，1-475頁，2000年。
2) 上野千鶴子「贈与交換と文化変容」岩波講座現代社会学『贈与と市場の社会学』岩波書店，155-178頁，1998年。
3) 大内順子監修『憧れのブランド図鑑』永岡書店，175頁，1998年。
4) 長田雅喜編『対人関係の社会心理学』福村出版，285頁，1996年。
5) 風間健『消費者経済学』文教出版，78頁，1990年（増補版）。
6) 久世敏雄／斎藤耕二監修『青年心理学事典』福村出版，xiv，519頁，2000年。
7) 高木修監修『被服行動の社会心理学』北大路書房，x，163頁，1999年。
8) 高木修監修『消費行動の社会心理学』北大路書房，x，179頁，2000年。
9) 高木修監修『被服と化粧の社会心理学』北大路書房，vi，4，231頁，1996年。
10) 竹内啓編『統計学辞典』東洋経済新報社，xxiv，1185頁，1989年（第1刷）。
11) 田中豊／脇本和昌『多変量統計解析法』現代数学社，276頁，1990年（7刷）。
12) 田村正紀『マーケティングの知識』日経文庫，日本経済新聞社，194頁，1998年。
13) 辻幸恵／風間健「ブランドが衣服の購買行動に与える諸効果（第4報）—Fishbein理論の子ども服ブランド選好への適応—」繊維製品消費科学会，Vol. 40, No. 6, 387-398頁，1999年。
14) 辻幸恵「流行に敏感である女子大学生の特性とそれに関する要因分析」京都学園大学経営学部論集，京都学園大学経営学部学会，Vol. 9, No. 2, 89-108頁，1999年。
15) 辻幸恵「ブランド選択の基準—女子大学生とその母親がブランドの鞄を選択する場合—」京都学園大学経営学部論集，京都学園大学経営学部学会，Vol. 9, No. 3, 47-72頁，2000年。
16) 辻幸恵「バレンタインギフトの贈手と受手との意識差」ファッション環境，Vol. 9, No. 2, 31-35頁，1999年。
17) 辻幸恵「ブランド選択の基準とブランド戦略—女子大学生とその母親たちの調査より」TRI-VIEW，東急総合研究所，Vol. 14, No. 10, 32-38頁，2000年。
18) 徳井淑子編訳『中世衣生活誌—日常風景から想像世界まで—』勁草書房，iii，216，xxx，2000年。
19) 日本繊維製品消費科学会編『わたしにもできる消費者の情報調査』弘学出版，vii，107頁，2000年。
20) 堀洋道／山本真理子／松井豊編『人間と社会を測る心理尺度ファイル』垣内出版，652頁，1994年。
21) 南知恵子『ギフト・マーケティング』千倉書房，4，266，7，11頁，1998年。

22) 南知恵子「コミュニケーション・システムとしてのギフト―理論的枠組み―」六甲台論集第39巻第2号，神戸大学大学院研究会，129-141頁，1992年。
23) 南知恵子「コミュニケーション・システムとしてのギフト―ヤングへの適用―」六甲台論集第39巻第3号，神戸大学大学院研究会，244-258頁，1992年。
24) 南知恵子「儀礼ギフト―象徴交換と経済交換の均衡点―」消費者行動研究第2巻第1号，日本消費者行動研究学会，1-28頁，1994年。
25) 南知恵子「消費者行動研究における定性的アプローチの可能性と問題点」消費者行動研究第4巻第1号，日本消費者行動研究学会，1-13頁，1996年。
26) 南知恵子「マーケティングと文化変容」国民経済雑誌第176巻第1号，神戸大学経済経営学会，15-29頁，1997年。
27) 山名邦和『衣生活文化』源流社，182頁，1993年。
28) 渡辺澄子／川本栄子／中川早苗「服装におけるイメージとデザインとの関連について（第1報）―イメージを構成する主要因とデザインとの関連―」日本家政学会誌，Vol. 42, No. 5, 459-466頁，1991年。
29) 渡辺澄子／川本栄子／上島雅子／中川早苗「服装におけるイメージとデザインとの関連について(第2報)―女らしさの評価基準―」繊維機械学会誌，Vol. 41, No. 6, 362-367頁，1998年。

第8章
女子大学生が抱く流行のイメージ

1. 緒言

　女子大学生は流行について，どのようなイメージを持っているのであろうか。本章では，イメージと流行を結びつけることを目的とする。一般的に，イメージは次のように説明される。「①心の中に思いうかべる像。心象（しんしょう）。②姿。形象。映像。」[1] また，イメージとは心像とも言われ，心理学では次のように説明される。「現実に感覚刺激が与えられていない場合に生じる感覚類似の経験。心像をことばで正確に定義し指示することは，心像が外面に表われず他者に接近し難い主観的体験であることから，困難だとされる。」[2]

　イメージについては，筆者が先の研究で，ブランドのイメージについての調査を行なった。品目はTシャツである。その結果，Tシャツのブランドイメージについては3つの因子が得られた。「ラフーソフィスケート」の要因，「トラッドートレンディ」の要因，「スポーティープリティ」の要因であった[3]。多くのスポーツブランドのTシャツが上記の3つの要因によって，各々のポジションに分類されたのである。

　前章では具体的に流行をしているモノは何かという質問をした。その結果，ガングロ，ミュール，厚底ブーツ等，化粧方法や具体的な品物が回答として挙がってきた。それらは，また季節が変われば，忘れられていき，次の

新しい化粧方法やモノに代わっていくのであろう。ただ，イメージは漠然としているが，モノを超えてある方向を示しているのではないかと筆者は考える。ここでは，女子大学生が抱く流行のイメージを，主に調査結果から明らかにしていくことを目的とする。流行に関してのイメージが明らかになれば，企業はそのイメージに即したところの商品を開発すれば，より流行に近い商品が消費者に提供できることであろう。

2. 調査方法

調査期間は2000年10月中旬から下旬である。調査地域は主に関西圏で兵庫県，大阪府，京都府とした。調査対象は前述に在住し，その地域にある女子大学に通学している学生500人とした。有効回答数の内訳は1回生93人，2回生124人，3回生86人であり，合計303人となった。回収率は60.6％である。これらは授業内の配布とし，回収も原則として授業内に行なった集合調査法と，郵送法の2つの方法を用いた。回収率の高さは授業内の集合調査法が原因であると考えられる。

調査方法は質問票によるアンケート調査とした。集合調査法の当日はアンケートを配布した担当の教員が，アンケート内容において，わからないところへの質問を受け付けて説明を加えた。このことによって，集合調査方法を用いた調査対象である女子大学生の質問に関する解釈は，ほぼ同レベルで行なわれたと推察する。

なお，質問票を作成するにあたり，9月下旬に1グループを5人単位で構成して，3つのグループを作った。お互いに面識のある5人の女子大学生を集めた。そのグループごとに聞き取り調査を行なった。今回のグループごとの聞き取り調査は，本調査の質問項目のもとになるものを作るためである。約60分間，流行のイメージについて自由に発言をしてもらった。これらの15人の意見をもとにして，本調査に使用する質問票を作成した。その質問票の一部を表8－1に示した。なお，質問(4)は中川が示したファッションイメー

第8章 女子大学生が抱く流行のイメージ

表8-1 質問票の一例

(1) あなたは今年の流行の色を知っていますか？　はい　いいえ
　　知っている人に尋ねます。それは何色ですか？
(2) あなたは流行と言えば，何色を思い浮かべますか？
(3) あなたは流行といえば何を思い浮かべますか？
(4) 流行を下記の言葉の中から形容するとしたら，あなたならどれを選びますか？
　　いくつでも○をつけてください。
派手な　地味な　洗練された　やぼったい　魅力的な　魅力のない　上品な　下品な
華やいだ　落ち着いた　着やすい　着にくい　きれいな　みにくい　よい　わるい
都会的な　田舎風の　好き　きらい　単純な　複雑な　個性的な　平凡な
ふっくらした　ほっそりした　目立つ　目立たない　斬新な　時代遅れな
華麗な　質素な　親しみやすい　親しみにくい　ぜいたくな　貧しい　高級な　低級な
夢のある　現実的な　若々しい　年寄りじみた　子どもっぽい　大人っぽい
男性的な　女性的な　楽しい　つまらない　積極的な　消極的な　軽快な　重々しい
大胆な　繊細な　進歩的な　保守的な　やわらかい　かたい　冷たい　暖かい
明るい　暗い　元気な　おとなしい　さわやかな　おどろおどろしい
仰々しい　静かな　透明な　不透明な　輝いた　くすんだ　ホットな　クールな
ゆったりした　かっちりした
(5) 上記の他に何かイメージする言葉があればお書きください。

ジ測定尺度の中の言葉を示した[4]。ここに明るい，暗いなど前述のグループでの話し合いの中で得られた言葉も加えた。

　なお，フェイスシートの部分で年齢と回生，居住地，通学先大学名，通学方法（バス，電車，車など），通学時間，世帯年収，アルバイトの有無，1か月に自由に使えるお金の金額（こづかいを含む）を質問した。

3. 集計結果

(1) 今年の流行の色について

　知っていると回答した者は286名で94.4％にあたる者が今年の流行の色を知っていると回答したことになる。その色は，ピンクが圧倒的に多かった。また，ベージュ，パープルも2位，3位の順となった。

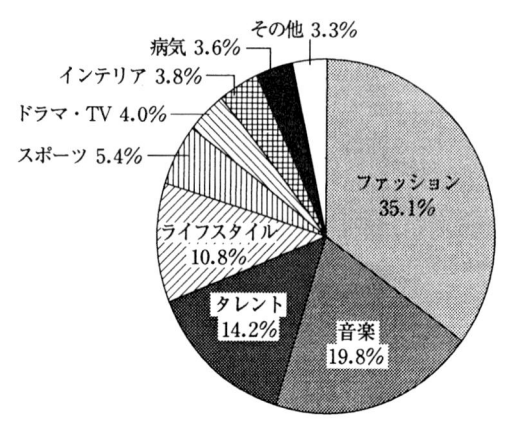

図8-1　女子大学生が抱く「流行」のイメージ

(2) 流行で思い浮かべる色について

　流行で思い浮かべる色も(2)と同様にピンクという意見が多かった。しかし，赤，白，黒という意見も多かった。ピンクが48％，赤17％，白10％，黒8％，ベージュ8％，その他9％であった。

(3) 流行で思い浮かべるものについて

　これは流行に対するイメージであるが，圧倒的にファッションが多かった。次に音楽となり，3位にタレントが入っている。あとはライフスタイル，スポーツ，ドラマ・TV，インテリアと続いている。これらの回答結果を図8-1に示した。

(4) 流行を表現する言葉について

　○印が最も多かった言葉は，楽しいであった。以下に○印の多かった順に10位までを示した。

　楽しい，洗練された，若々しい，派手な，都会的な，個性的な，ホットな，明るい，夢のある，華麗な

　筆者が示した言葉以外に流行を表わす言葉としては以下のものが回答された。

はずんだ，挑戦的な，はまった，反抗的な，破壊的な，過激な，やさしい，軽い，ふわふわした，騒がしい，うるさい，賑やかな，未来の

4. 分析方法

　流行をイメージする時に，そのような要因があるのかを明らかにするために，具体的な項目を挙げた。それらは第4章で調査対象者である男子大学生171人のうち，100％の者が流行であると知っていたガングロ，茶髪，蛇革，スキンジュエリー，ビーズアクセサリー，カーディガン，ハイソックス，ミュール，厚底ブーツ，ピンク色等の10項目とした[5]。これらに対して，どのようなイメージがあるかを知るために，形容詞を中心に上記の言葉のうち，以下の22の言葉を選んだ。これらは回答の多かった順に20位までを選択した。

　楽しい，洗練された，若々しい，派手な，都会的な，個性的な，ホットな，明るい，夢のある，華麗な

　ここまでが10位である。以下は11位から20位であるが，同順位があるので，12の言葉が挙げられた。

　目立つ，魅力的な，好き，元気な，積極的な，ぜいたくな，きれいな，斬新な，進歩的な，軽快な，さわやかな，低級な

　各項目（ガングロ，茶髪等）に対して，上記の22の形容詞を付し，それぞれの形容詞に対して5点尺度での評価をさせた[6]。尺度は1：まったく思わない，2：やや思わない，3：どちらでもない，4：やや思う，5：そう思うである。

　調査対象者303人の個々の回答をデータとした。そして，10の流行している項目について，各22の形容詞の平均値（1～5点までの回答）のデータマトリックスを用いて，主因子法による因子分析を行なった。

5. 結果 (因子分析から得た3要因)

　22の形容詞の平均値を用いて，バリマックス回転をした後の結果，第1因子の寄与率は30.2，第2因子の寄与率は17.7，第3因子の寄与率は12.4となった。第4因子は8.8となり10.0以下となった。ここでは小数点第2位を四捨五入している。本分析では，第3因子までの累積寄与率が60.3となったことと，第4因子以降の寄与率が10.0以下であるので，本章では第3因子までを考察の対象とする。なお，バリマックス回転後の因子得点を表8-2に示した。

表8-2　バリマックス回転後の因子得点

形容詞	第1因子	第2因子	第3因子
楽しい	0.67	0.77	0.11
洗練された	−0.73	−0.62	0.36
若々しい	0.54	0.68	0.44
派手な	0.28	0.03	−0.67
都会的な	−0.66	−0.62	0.16
個性的な	−0.20	0.02	0.42
ホットな	0.35	0.60	−0.46
明るい	0.88	0.56	0.24
夢のある	−0.45	−0.07	0.65
華麗な	−0.68	−0.48	−0.02
目立つ	0.34	0.54	−0.65
魅力的な	0.08	−0.68	0.52
好き	0.54	0.22	0.34
元気な	0.58	0.86	−0.06
積極的な	0.70	0.62	0.14
ぜいたくな	−0.66	−0.60	−0.26
きれいな	−1.80	−0.73	−0.20
斬新な	0.06	−0.56	0.18
進歩的な	−0.46	0.05	0.34
軽快な	0.58	0.32	0.66
さわやかな	0.02	−0.06	0.78
低級な	0.42	0.58	−0.65

表8-2によると，第1因子のプラスには楽しい（0.67），明るい（0.88）積極的な（0.70）が高い数値を示した。ここでは0.65以上の数値を考察の対象とする。マイナスには洗練された（-0.73），都会的な（-0.66），華麗な（-0.68），ぜいたくな（-0.66）が高い数値を示した。

第2因子のプラスには楽しい（0.77），若々しい（0.68），元気な（0.86）が高い数値を示した。マイナスには魅力的な（-0.68），きれいな（-0.73）が高い数値を示した。

第3因子のプラスには夢のある（0.65），軽快な（0.66），さわやかな（0.78）が高い数値を示した。マイナスには派手な（-0.67），目立つ（-0.65），低級な（-0.65）が高い数値を示した。

これらをまとめると，第1因子での最も高い数値は明るい（0.88）であった。明るさや積極的な部分とその反対に，洗練され，都会的な，華麗な，贅沢な部分があるとしたら，流行のイメージとしては，ここでは「明るい」という言葉に代表されると考える。マイナスの要因は暗いとも取れるからである。第2因子での最も高い数値は元気な（0.86）であった。元気で，楽しく若々しい部分とその反対に，魅力的な，きれいな部分があるとしたら，ここでは「元気」という言葉に代表されると考える。マイナスの要因は魅力的できれいということは，おとなしい感じもするからである。第3因子での最も高い数値はさわやかな（0.78）であった。夢があって，軽快な部分とその反対に，派手で目立つ，低級な部分があるとしたら，ここでは「さわやかな」という言葉に代表されると考える。マイナスの要因は，さわやかではないイメージがあるからである。

よって，第1因子：明るい，第2因子：元気な，第3因子：さわやかなという3つの因子が流行に対するイメージであると言えよう。

6. 考察

流行に対するイメージは，因子分析の結果から第1因子：明るい，第2因

子：元気な，第3因子：さわやかなというものになった。ここで，これらの要因が具体的にはどのようなモノになっているのかを考えてみた。たとえば，ピンク色などは明るい，元気な感じがする。また，ハイソックスも明るく元気なさわやかな感じがする。もちろん，ガングロは元気ではあるけれども，さわやかではない感じもする。流行には，これらの3つの要因のうちの何かが含まれていると考えられる。また，今後，流行するモノにおいても，これらの要因の何かは含まれているのではないであろうか。

ユニクロのフリースが，2000年～2001年の冬には流行している。これも，品揃えの段階で各色（原色に近い色）を取り揃え，カジュアルを全面的に広告している。明るく，元気で，さわやかな要因を含んでいる例であろう。

また，バッグにしてもトートバッグが各ブランド共に，売れ筋になっている。ここにも上記の3要因が含まれていると言えよう。

世の中はまだまだ不況である。しかし，新しい世紀を迎えて，女子大学生の中には大きく希望を持っているのかもしれない。そのような社会背景から，流行のイメージとして，明るい，元気な，さわやかなというモノが出てきている。そうであるとするならば，現実は暗く，元気がなく，さわやかではないモノが多いということを暗示しているとも考えられる。

7. まとめ

第1因子：明るい，第2因子：元気な，第3因子：さわやかなという3つの因子が流行に対するイメージである。

[注]
1) 新村出編『広辞苑』180頁，1991年第1版第1刷。
2) 大山正／藤永保／吉田正昭編『心理学小辞典』有斐閣，vi，313頁，1994年（23刷）の中の141頁を引用。
3) 井手幸恵『ブランドと日本人―被服におけるマーケティングと消費者行動―』白桃書房，xi，176頁，1998年。この本の中の第6章ブランドのTシャツに対する女子大学

第8章 女子大学生が抱く流行のイメージ

生群の反応を参照。
4) 中川早苗が示したファッションイメージ測定尺度は以下の30からなる。
「被服心理学研究会の研究活動―女子大学生のファッション意識・行動に関する調査―」繊維機械学会誌，Vol. 45, No. 11, 7-16頁，1992年引用。

派手な — 地味な	洗練された — やぼったい
魅力的な — 魅力のない	上品な — 下品な
華やいだ — 落ち着いた	着やすい — 着にくい
きれいな — みにくい	都会的な — 田舎風の
よい — わるい	好き — きらい
単純な — 複雑な	ふっくらした — ほっそりした
個性的な — 平凡な	目立つ — 目立たない
斬新な — 時代遅れな	親しみやすい — 親しみにくい
華麗な — 質素な	ぜいたくな — 貧しい
高級な — 低級な	夢のある — 現実的な
若々しい — 年寄りじみた	子どもっぽい — 大人っぽい
男性的な — 女性的な	楽しい — つまらない
積極的な — 消極的な	軽快な — 重々しい
大胆な — 繊細な	進歩的な — 保守的な
やわらかい — かたい	冷たい — 暖かい

5) 第4章に掲げた30項目は以下のとおりである。
171名の調査対象者が全員知っていたものは以下の10項目であった。
ガングロ，茶髪，蛇革，スキンジュエリー，ビーズアクセサリー，カーディガン，ハイソックス，ミュール，厚底ブーツ，ピンク色
これに追加をして80%まで知っている者がいた品目は以下の20品目であった。
透け素材，ポスト豹柄，トートバッグ，ストレッチブーツ，ミニファン，マルチクレヨン，ヴィダーインゼリープロテイン，口臭カットグミ，ひまわりチョコ，ノンアルコールビール，つけ爪セット，ボーダー長Tシャツ，
デニムシャツ，膝丈スカート，チョーカー，七分だけワンピース，ヘアピン，
ロング丈スカート，ユニクロシャツ，スパンコール

6) イメージの測定（measurement of image）
大山正／藤永保／吉田正昭編『心理学小辞典』有斐閣，vi, 313頁，1994年（23刷）の中の13頁を以下に引用。
「人の社会的行動は必ずしも具体的実証的知識にもとづくものではなく，対象に関する漠然とした印象に左右されることも多い。そのような対象のイメージを測定する方法としては，連想法や評定法があるが，評定尺度法の一種であるセマンティック・ディファレンシャル法がもっとも有力な方法として広く用いられている。」

参考文献

1) 井手幸恵『ブランドと日本人―被服におけるマーケティングと消費者行動―』白桃書房, xi, 176頁, 1998年。
2) 大山正／藤永保／吉田正昭編『心理学小辞典』有斐閣, vi, 313頁, 1994年（23刷）。
3) 中川早苗「被服心理学研究会の研究活動―女子大学生のファッション意識・行動に関する調査―」繊維機械学会誌, Vol. 45, No. 11, 7-16頁, 1992年。

第9章
大学生の流行とこだわり

1. 緒言

　第8章では，女子大学生の流行に対するイメージを明らかにした。その結果，流行に対するイメージは3つの因子に代表され，「明るい」，「元気な」，「さわやかな」であった。

　本章では，イメージよりもさらに具体的に，女子大学生と男子大学生のこだわりに着目をする。そして，流行とこだわりとの関係について解明する。よって，ここではイメージというよりもある商品，現象を念頭に置いての調査となる。また，こだわりは実際に何に対するこだわりであるのかを問題とする。なお，ここでの「こだわり」とは差し障る，あるいは，さまたげとなるという意味ではなく，むしろ自分自身が気にしていること，あるいは気に入っていることという意味に近い。よって，俗語で表現するならば，「マイ・ブーム」と言えよう。つまり，自分自身の中で譲れない部分，いわば判断基準を指している。

　本章の目的は，最初に，大学生の譲れない部分，判断基準，すなわちこだわり（マイ・ブーム）を明らかにすることである。次にそれらが流行に対しては，どのように影響するのかを明らかにすることである。

　なお，本章では，大学生が回答したこだわり（マイ・ブーム）の具体例を多く挙げた。彼らが，実際にはどのような回答をしているのかという例を挙

げることによって，より明確に彼らのこだわりが理解できると考えたからである。

筆者は，女子大学生と男子大学生とでは，両者のこだわり方が異なると推測している。こだわるかこだわらないかという二者択一になれば，男女共にこだわりがあると回答する者は多いと考えられる。しかし，こだわる内容に男女差があると思われる。よって本章では，男女のこだわりの比較も行なう。

2. 調査方法（集合調査法・郵送法）

調査期間は第8章と同じ2000年10月中旬から下旬である。第8章の調査の折に同時に，この流行とこだわりに関する調査票も同封した。質問に対して，記述式での回答を求めた。

調査地域は主に関西圏で兵庫県，大阪府，京都府とした。調査対象は前述に在住し，その地域にある女子大学に通学している学生500人とした。有効回答数の内訳は1回生93人，2回生124人，3回生86人であり，合計303人となった。回収率は60.6%である。これらは授業内の配布とし，回収も原則として授業内に行なった集合調査法と，郵送法の2つの方法を用いた。回収率の高さは授業内の集合調査法が原因であると考えられる。

ただ，第8章と異なるところは，ここでは男子大学生にも流行とこだわりに関する調査を行なったことである。男子大学生も調査期間は女子大学生と同じ時期で2000年10月中旬から下旬である。調査地域も第8章と同じく，主に関西圏で兵庫県，大阪府，京都府とした。調査対象は前述に在住し，その地域にある大学に通学している学生500人とした。有効回答数の内訳は1回生117人，2回生109人，3回生98人であり，合計324人となった。回収率は64.8%である。これらも女子大学生の調査と同様に，授業内の配布とし，回収も原則として授業内に行なった集合調査法と，郵送法の2つの方法を用いた。ここでの回収率の高さも授業内の集合調査法が原因であると考えられ

る。

　女子大学生303人と男子大学生324人の合計627人が今回の調査対象者である。

　なお，調査方法は質問票によるアンケート調査とした。集合調査法の当日はアンケートを配布した担当の教員が，アンケート内容において，わからないところへの質問を受け付けて説明を加えた。このことによって，集合調査方法を用いた調査対象である大学生のアンケート内容である質問に関する解釈は，ほぼ同レベルで行なわれたと推察する。

　フェイスシートの部分で年齢と回生，居住地，通学先大学名，通学方法（バス，電車，車など），通学時間，世帯年収，アルバイトの有無，1か月に自由に使えるお金の金額（こづかいを含む）を質問した。

　質問項目は，「あなたのこだわり，マイ・ブームについてお答え下さい。マイ・ブームはいくつでも結構です。なるべく内容を詳しくお書き下さい。たとえば，なぜそれが，あなたのマイ・ブームになったのか，きっかけ（いきさつ）あるいはそのこだわりに対する考え方や理由もお書き下さい」とした。

3. 集計結果

(1) こだわり（マイ・ブーム）の有無

　こだわりがあると回答した者は女子大学生が275人で90.8％にあたる。男子大学生が281人で86.7％にあたる。こだわりがあるか，こだわりがないかということに関して，男女の回答に対して，t検定を行なった。その結果，マイ・ブームがあるかないか，すなわちこだわりがあるかないかということに関しては，男女差はないということになった。しかし，この結果は，単純にこだわりを持っているか，持っていないかのみの比較である。よって，こだわりの内容に関しては，男女各々の内容を把握することが必要であろう。

(2) 女子大学生のこだわりの順位づけ

　女子大学生に対して，こだわりに関する質問をした結果を以下にまとめた。質問に対する回答として得られたものの多い順番に5位までを挙げた。また，それぞれのこだわりに関して，簡単な説明を付した。ただし，女子大学生においてはアクセサリーと化粧品が共に4位で同順位であった。

　1位：ダイエット

　ダイエッターという言葉がある。ダイエットする人という意味である。女子大学生の中でダイエットは流行である。ダイエッターは痩せたいという願望から，運動をしたり，食事を制限したりする。ダイエッターは肥満であるということではない。むしろ標準体重に近い体重，あるいはそれを下回る体重であっても，女子大学生の多くはダイエットをしているのである[1]。具体的には，バランス栄養食品を補充したり，また食事内容を和食にしたりとその方法はさまざまである。よって，多くの女子大学生は，ダイエット食品，栄養補充食品などへの関心は大きい。たとえば，バランス栄養食品として販売されている「カロリーメイト」は，本来の目的から考えると，ダイエット食品ではない。しかし，腹持ちの良さや手軽さから，それを活用している者もいる。また，「バランスオン」も，感覚的には菓子に近いけれども，そのカロリーの低さから，ダイエット用に取り入れられている。「黒ごまのクッキー」シリーズも健康をイメージした菓子である[2]。これらの多くは，コンビニに並べられている商品である。たとえば，「コンビニに行って，最初に新しいダイエット食品はないかどうかチェックします。痩せられるモノがあれば，何でも買いたいです」や「食べても太らない，健康的なものを探しています。今は毎日果実を朝食にしています」等の回答を得た。

　2位：健康食品

　健康食品に関しては，バランスの取れた食事をしたい，ビタミンを補給したいなど，さまざまな理由が挙げられた。しかし，これも大きな枠組でとらえると1位のダイエットと同様の理由であることが多い。すなわち，健康にして，どのようのにしたいのかというと「痩せてきれいになりたい」という

のである。ただ，ダイエットは軽いジョギングや，水泳などスポーツも含まれているので，あえてここでは分離して集計をした。

また，純粋に健康を気にしている回答もあった。たとえば「ポテトチップスはうす塩を買います。塩分の取り過ぎに気をつけています」や，「コンビニでは必ずごぼうサラダを買います。普段，ごぼうを食べる機会がないし，子どもの頃から，ごぼうの食感が好きだからです」「グリコの健康ヨーグルトを毎日，食べます。他のメーカーよりも甘くておいしいからです」「オレンジジュースは100％しか飲みません。健康を考えて，そのようにしています」等の回答を得た。

3位：衣服

衣服という回答の中には以下の2種類の回答が含まれている。

1つ目は，品目に関する回答である。多くの者がこだわりがあると回答した品目は，ジーパンとパンツであった。これらの品目は，ヒップの形や，足の長さの関係等，自己の体型が比較的に明確になる可能性があるからであると考える。次いでスカートが挙げられている。スカートもウエストやヒップのサイズがあって，そこにこだわりがあると考える。また，スカートの丈も好みがある。このようにウエストや長さが問題となる品目がこだわりの品目として挙げられている。たとえば「私はジーパンのスタイルはストレートしかはきません。足の短いことをカバーできるからです。メーカーはリーバイスしか買いません。自分にぴったりくるからです」等の回答を得た。

2つ目は，ブランドの衣服であることを望んでいるという回答である。女子大学生の中には，「私はお気に入りのブランドがあり，そのブランドの衣服しか着ません」という回答も含まれた。また，実際に購入する場合には，そのブランドばかりではないにしても，お金に余裕がある場合には買いたいという希望も含まれている。購入にいたらなくても，「あるブランドが好きなので，そのブランドを意識して衣服のコーディネートをする」という回答もあった。また，ブランドではないが，「リサイクルショップで古着を見るのが好きで，マイ・ブームになっている」と回答した者もいる。

4位：化粧品，アクセサリー

　同順位で化粧品とアクセサリーが挙げられた。化粧品にこだわるのは，肌に良いもの，匂いが好きなものという生理的な理由と，特に口紅であるならば，落ちにくいものという機能面での理由が挙げられた。また，ブランド名も明記されている回答が多かった。「ファンケルがほとんどです。無添加で肌への刺激が少ないからです」「カネボウが多いです。匂いが好きだし，最初にカネボウを使ったので」等の回答を得た。

　アクセサリーに関しては，それを買う者と創る者の両方が含まれている。買う者の回答としては，たとえば「民族っぽいアクセサリー。模様が独特で持っているだけで楽しいし，組み合わせによって雰囲気が変えられるのがいい」というように，アジアンテイストを意識した回答があった。また，「シルバーアクセサリーでクロムハーツ，A&G，ティファニーという3つのブランドにこだわっています」等という回答を得た。このように，アクセサリーの購入でも傾向がある。創る者の回答としては，「ビーズに凝っています。ブレスレットや指輪を作っています」，「銀細工をしています。ティファニーの雰囲気を目指しています」等という回答を得た。

5位：鞄

　ブランドのバッグに対する回答が多く得られた。好きなブランドのバッグをコレクションしているという回答も多い。たとえば「ルイ・ヴィトンのバッグを8つ持っています。それ以外は使いません。心底，ファンだからです」等である。また，使いやすいという機能面から，定番があってそのバッグしか使用しないという回答もあった。たとえば「トートバッグしか使いません。ノートも資料も何でも入るからです」，「コーチのポーチをずっと使っています。柔らかい感触が好きだし，使いやすいからです」等の回答を得た。

まとめ：女子大学生のこだわりの傾向について

　女子大学生については，ダイエットに関してのこだわりが多く，次に健康食品，衣服，化粧品，アクセサリー，鞄となった。これらの傾向をまとめる

と食べ物とファッションにこだわりがあることが明らかになった。

　なお，上位以外の回答には，ぬいぐるみ，音楽，ボランティア，パソコン，ＴＶ（ドラマ），趣味（アートフラワー，パッチワーク，ガーデニング），携帯電話，雑誌，ダンス，文具等も回答として挙げられた。

(3) 男子大学生のこだわりの順位づけ

1位：自動車

　男子大学生の自動車（彼らに言わせると車）に対するこだわりは，男子大学生に圧倒的に多く，女子大学生には少ない。自動車に関する回答には，メーカー名と車種が明記されていた。たとえば「ステーションワゴンの中ではスバル，レガシィツーリングワゴンＧＴ―Ｂが好きで，今この車に乗っています。私のセンスに合うし，走りもよく，見た目も優雅です」，「私は若い頃からスポーツセダンしか興味がありません。今はトヨタのアルテッツァに乗っています」，「車はＶＩＰカーです。日産のＶ６３０００セドリックにはまっています。父の車も日産でした」等の回答が得られた。

　また，「私は決して中古の車は買いません。新車のみです。新車の香りが好きですし，これから乗るという意気込みがあるからです」。一方，「同じ車に３年以上は乗りません。これが私の信条です。ですから私は中古しか買いません」というような，こだわりも回答として得られた。なお，自動車の中には自動二輪車も含めた。たとえば「単車はヤマハＳＲ４００がいい。改造しやすく，部品も多い」等の回答を得た。

2位：スポーツ

　女子大学生のこだわりとしては，スポーツは少なかったが，男子大学生の回答には多かった。たとえば，「自分のマイ・ブームはスケートボードです。大学に入り，先輩にすすめられてから，すっかりブームです。一つひとつの技を覚えていくことが楽しい」，「野球のキャチャーをしていますが，グローブはハタケヤマしか買いません。使いやすさとボールを受けたときの感じがいいからです」，「サッカーを見るのが大好きです。必ず録画をしていま

す。中学ではクラブでしていました」等の回答を得た。上記以外の回答にはバスケットボール，バドミントン，スキー，スノーボード，テニス，ソフトボール，ゴルフ，ジョギング，釣り，サーフィンが得られた。

3位：食品

女子大学生の健康やダイエットをふまえた回答とは異なり，食品へのこだわりは，もっぱら自己の嗜好での回答が多かった。

たとえば「ビールは恵比寿しか飲みません。コクのある味が大好きです」，「ラーメンはこってり味しか食べません。関西はしょうゆ味が多いので残念です」，「チューハイしか飲みません。安いし，手軽なアルコールだからです」「サントリーのウーロン茶しか飲みません。他のメーカーは味覚が合いません」「吉野屋の牛丼は安くておいしいので週に3回は食べます」等の回答を得た。

4位：衣服

女子大学生の場合は，ジーパン，パンツおよびスカートというように品目へのこだわりが見られたが，男子大学生の場合の衣服に対する回答はブランドを意識したものばかりであった。たとえば「私はモード系の服が好きだ。特にコムデギャルソンというブランドが好きだ。なぜならば，色づかいが他のブランドよりも私のセンスに合う。また，常に新しいイメージがある。」，「私はポール・スミスが好きで，スーツは3着ともこのブランドです。体にしっくりくるからです。大学の入学式の時にはじめて買ってから，このブランドばかりにこだわっています」，「服はA．P．Cにこだわる。作りが丈夫で色あせないところがよい。また，シンプルさが好きだし，値段も納得できる」等の回答を得た。

5位：音楽，ゲーム

女子大学生の場合は，好きなアーチストやジャンルを挙げる回答であったが，男子大学生の回答はそれらに加えて自分で演奏するということをふまえた回答も得られた。「私はバンドをしています。ジャンルはコアです。テレビやラジオでの露出度の少ないジャンルですが，知る人ぞ知るあたりがこだ

わりです。」この「知る人ぞ知る」という回答には，マスの流行を好ましくないという心理も働いていると推察できる。「ギターがマイ・ブームです。毎日5時間くらい弾いています」

ゲームについては，以下のような回答を得た。

「任天堂のゲームボーイを毎日4時間はしている」，「ＤＣ（ドリームキャスト）にこだわっています。ソニーのＰＳ２ではない理由は，セガのＤＣは細部にまで趣向が凝らしてあり，レベルの高いソフトが多いからです」

まとめ：男子大学生のこだわりの傾向について

男子大学生については，こだわりの対象物として自動車が多かった。次に食品となり，衣服，音楽，ゲームとなった。なお，上位以外の回答には靴，ＴＶ，インテリア，パチンコ，携帯電話，タバコ，カメラ，時計，鞄，競馬，映画，漫画，落語，ビリヤード等を得た。男子大学生のＴＶ番組の内容は，女子大学生とは異なる。女子大学生が歌番組やドラマを挙げていることに対して，男子大学生は，たとえば「私はＣＧ（カーグラフィック）が好きなので，カーグラフィックＴＶは欠かさず見ています」というように，こだわりに直結した番組が挙げられている。この他には，釣り，ゴルフ，野球もＴＶ番組の内容として回答を得た。また，男子大学生がこだわるものとして挙げた回答の種類は女子大学生よりも多く，男子大学生の方が，女子大学生と比較するとこだわる対象物が多様であることを示した。

これらの回答結果を図9-1に示した。

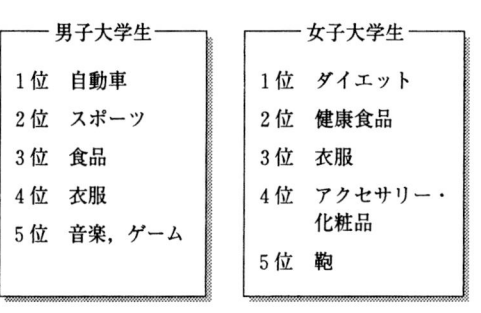

─男子大学生─	─女子大学生─
1位　自動車	1位　ダイエット
2位　スポーツ	2位　健康食品
3位　食品	3位　衣服
4位　衣服	4位　アクセサリー・化粧品
5位　音楽，ゲーム	5位　鞄

図9-1　「こだわり」の上位回答群

4. 考察

(1) 「こだわり」の要因

　集計結果から「こだわり」の要因を考えると，商品特性，個人特性，社会規範の3つの種類に分類できると考えた。

　商品特性とは，その商品自体の特徴であり，価格，性能，デザイン（色を含める），イメージが考えられる。たとえば，男子大学生から多くの回答を得た自動車などは価格や性能およびデザインが大きく影響すると考えられる。個人特性とは自己基準の範疇になる。興味・関心，情報量，ブランド志向[3]，感覚（センス），味覚が考えられる。男子大学生からも女子大学生からも多くの回答を得た衣服に関しては，興味・関心の有無やブランド志向，感覚が大きく影響すると考えられる。特に，衣服や鞄の場合，ブランド志向が反映されることが予測される。社会規範とは，社会と自分との関わり方である。

　ここには常識，習慣，対人意識が挙げられる。たとえば，女子大学生から多くの回答を得たダイエットは対人意識である。他者と比較して自己の基準はどうなのか，他者が自分を太っているとは思っていないかなど，他人の目（アイシャワー）を感じているのである。また，健康食品についても，それら

商品特性	価格 （高－低）	性能 （高－低）	デザイン （良－悪）	イメージ （良－悪）
個人特性	興味・関心 （有－無）	情報 （多－少）	ブランド志向 （有－無）	
	感覚 （あう－あわない）	味覚 （好き－嫌い）		
社会規範	常識 （有－無）	習慣 （有－無）	対人意識 （強－弱）	

図9-2　「こだわり」の要因

に関してどれだけの情報を保持しているのかが行動に現われるであろう。あるいは，そこにもブランド志向が存在している可能性もある。また，食品であるゆえに，味覚の好き，嫌いも存在する。

これらをまとめたものが図9-2である。

(2) 「こだわり」と流行との関係

前述したように，「こだわり」の要因は商品特性，個人特性，社会規範から成り立っていると考えた。ここでは，「こだわり」と流行について述べる。商品特性へのこだわりは価格や性能であるので，ゲームなどとの流行と直結していると考えられる。テレビゲームではカプコンの「鬼武者」が流行している1つであると考えられるが，このゲームは，従来のこだわりとは違う切り口での紹介がされている。たとえば，日本経済新聞3月10日には「……このゲームには隠れた大きな特徴がある。巨額の制作費をかけながら，決して難解なゲームにせず，初心者でも十時間かからないように抑えた点だ。」とある。

流行とこだわりの関係には2種類があるのではないか。すなわち，こだわってその世界にひたる場合と気合を入れずに自然体にする場合である。従来のテレビゲームは前者のこだわってその世界にひたる場合，鬼武者は気合を入れずに自然体にする場合ととらえられる。

個人特性においても，興味・関心の有無，情報の多少，ブランド志向，感覚，味覚はまさにこだわりの世界である。しかし，ファッションにおいても，mini（ミニ）族は，前述したように，気合を入れない自然体のファッションの代表例である。ブルゾン，ジーンズなどの定番カジュアルを主体とし，俗に言う頑張りすぎないお洒落である。味覚にしても，ラーメンである味しか好まないというこだわり派から，ラーメンであれば，どこのメーカーでもよいし，塩かしょうゆであれば，特に問題はないとする者もいる。

社会規範は常識や習慣，対人意識によって構成されている。常識の有無もある意味では教育の一環である。教育に熱心な家庭で躾にナーバスな親で

あったのか，あるいは特に厳しいものもなく育てられたのかによっても，異なってくるであろう。さらに習慣となれば，こだわりを強く持つか持たないかは，明確になるであろう。

社会規範の中では，対人意識の強弱がキーワードである。対人意識が強ければ，自分のこだわりよりも相手の立場や考え方，その場の雰囲気や状況に応じようとする臨機応変な態度になるであろう。一方，自己顕示のように自分を表現したいと思うのであるならば，自分がこだわっている分野での妥協はなく，対人意識も弱くなるであろう。

よって，従来のように，こだわりは強くあるものばかりが流行するのではなく，こだわりが少なくても流行をする可能性が将来にあると考える。

5. まとめ

(1) 女子大学生のこだわりは，ダイエット，健康食品，衣服，アクセサリー・化粧品，鞄となった。男子大学生のこだわりは，自動車，スポーツ，食品，衣服，音楽，ゲームとなった。
(2) 男子大学生は女子大学生と比較すると，こだわりの範囲が広く，多様であった。
(3) こだわりの要因は商品特性，個人特性，社会規範の3つに分類が可能であった。
(4) 流行とこだわりの関係には2種類があるのではないか。すなわち，こだわってその世界にひたる場合と気合を入れずに自然体にする場合である。従来のように，こだわりは強くあるものばかりが流行するのではなく，こだわりが少なくても流行をする可能性が将来にあると考える。

[注]
1) 女子大学生のダイエットについて，2000年3月上旬に調査した結果は以下のとおりである。関西圏に在住する女子大学生のうち，過去にダイエットをした経験があ

第9章　大学生の流行とこだわり

る者は673人中，626人で93.0％（小数点以下第4位を四捨五入）であった。また，現在，ダイエットをしている者は673人中，638人で94.8％（小数点以下第4位を四捨五入）の者が，その時点でダイエットをしていた。このようにダイエットの経験率の高さの原因は，私立の女子大学に在籍している者を調査対象としていること，そして3月上旬という春がくる前で，衣服が薄着になり，体型が気になる時期に調査をしたことなどが考えられる。しかし，いずれにしても，多くの女子大学生がダイエットを経験していることになる。

2）　女子大学生の回答の中から，コンビニに置いてある商品のうちで，ダイエットあるいは健康食品に関する記載のうち，回答数の多いものを順にまとめると以下のとおりであった。8位以下は回答数が10以下となるので省いた。ただし，以下の商品が箱あるいは袋入りのものである。

①「バランスオン（コーン味）」江崎グリコ株式会社：1箱に2袋ずつ入っている。1袋には5枚入っている。1袋90カロリーなので，1箱は180カロリーとなる。現在，ＭＩＸハーブ味も発売中で，これも同じく1箱が180カロリーである。

②「かぼちゃのソフトクッキー」ハウス食品株式会社Ｈ２：「黒ごまのソフトクッキー」シリーズの1つである。1箱に3袋で，1袋に1本ずつ入っている。1箱で172カロリーである。なお黒ごまのソフトクッキーは185カロリーである。

③「ビタミンサラダ（フルーツ味）」武田食品工業株式会社ＨＡ：1箱4袋で，1袋に1本ずつ入っている。1箱で235カロリーになる。

④「毎日果実」江崎グリコ株式会社：1袋に2袋ずつ入っている。1袋には4枚入っている。1袋90カロリーなので，1袋は180カロリーとなる。

⑤「バランスバンズ（チーズ味）」明治製菓株式会社76：1箱4本入りである。140カロリーである。

⑥「カロリーメイト」大塚製薬株式会社：1箱2袋で，1袋2本入である。よって1箱で4本が入っている。1本100カロリーなので，1箱で400カロリーになる。カロリーメイトはチョコレート味，チーズ味，フルーツ味，ベジタブル味の4種類を発売しているが，どの味においても1箱はすべて400カロリーである。

⑦「バランスアップ（バター）」ポーラフーズ株式会社ＰＴ：1袋163カロリーで6個入りである。

　各社共に箱（袋）には，その商品のキャッチフレーズや商品説明が記されている。各商品の特性と知るために，それらを以下に抜粋した。

①「バランスオン（コーン味）」：「バランスオン」は5種のビタミン・カルシウム・鉄が1日に必要な量の3分の1，1箱にバランスよく含まれています。しかもカロリーはうれしい180ｋcal．

②「かぼちゃのソフトクッキー」：β-カロチン豊富なかぼちゃがたっぷり入ったソフトクッキーです。中にはすりつぶしたかぼちゃのペーストがつまっています。β-カロチンは体内でビタミンAに変わります。
③「ビタミンサラダ（フルーツ味）」：ビタミンサラダは適度なエネルギーとカラダに必要な10種類のビタミン，3種類のミネラルおよび食物繊維を配合したタケダが提案する健康サポートバランス食品です。おいしいクッキータイプでいつでも，どこでも栄養補給ができます。
④「毎日果実」江崎グリコ株式会社：レーズン，プルーン，アップル。この3種類の健康フルーツが一度に摂れる，フルーツ分50％のバランス栄養食です。香ばしく焼き上げたパン生地の中には，砂糖を使わず果物の自然な甘味だけで仕上げた，しっとりとおいしいフルーツがたっぷり入っています。しかも，8枚（2袋）で5種類のビタミン，カルシウム，鉄が1日に必要な量の3分の1含まれ，カロリーはうれしい180kcalです。
⑤「バランスバンズ（チーズ味）」：●もちっとした生地で，噛んで感じるしっかりした食べごたえ。お腹も満足です。●しっとりしているので，飲み物なしでも大丈夫。菓子くずが出づらく，作業をしながらでも食べやすくなっています。●11種類のビタミン，鉄，カルシウムに加え食物繊維もたっぷり。●カロリーは1本35kcal。忙しい朝の栄養バランスやダイエットに最適です。
⑥「カロリーメイト」：カロリーメイト・ブロックは，日常生活に必要なエネルギーと栄養素を無理なくおとりいただけるバランス栄養食品です。手軽な固形タイプになっています。朝食，スポーツ，仕事，勉強，忙しい時など，すみやかな栄養補給を必要とされている方に最適です。
⑦「バランスアップ（バター）」：カルシウム・鉄分・食物繊維と10種類のビタミンを手軽にとれる一口サイズのバランス栄養食

　なお，箱あるいは袋入り以外のものとしてゼリー状の食品が回答として得られた。ゼリーで多くの回答を得たのはヴァーム，ウイダーインゼリー森永製菓株式会社であった。ヴァームは体脂肪を燃やすというキャッチフレーズで商品をアピールしている。ウイダーは特に女性のためのFシリーズ（ファイバー，コラーゲン，ファットパートナー）を新発売している。また定番のウイダーインゼリービタミンインは70カロリーで1食分のビタミンを配合としている。

3）　ブランド志向については，久世敏雄／斎藤耕二監修『青年心理学事典』福村出版，312頁，2000年参考のこと。
　「ブランドは，牛の所有牧場判別を目的とする焼印（burn）を語源としている。ブランドは一般的には，特定業者の商品・サービスであることを明示し，競争者と

区別することを目的とした名称，用語，記号，シンボル，デザインまたはこれらの結合である。なお，商標とは，ブランドに法的保護を与えたものである。

ブランド志向とは，自己の感性に合致したブランドを好むこと，またはそのようなブランドを求める気持ちがあることをいう。(中略)」

参考文献
1) 井手幸恵『ブランドと日本人―被服におけるマーケティングと消費者行動―』白桃書房，xi，176頁，1998年。
2) 大山正／藤永保／吉田正昭編『心理学小辞典』有斐閣，vi，313頁，1994年(23刷)
3) 中川早苗「被服心理学研究会の研究活動―女子大学生のファッション意識・行動に関する調査―」繊維機械学会誌，Vol. 45, No. 11, 7-16頁，1992年。

結章
むすびに代えて

　本章では，むすびとして，本書のまとめ（各章の要約）と今後の研究課題について述べる。

　全9章からなる本書は，各章ずつに調査から得た結論が付されている。流行というものをさまざまな切り口からアプローチした結果である。1つ1つの章がそれぞれのテーマをもって，そのテーマ別に結論が出されているからである。本書はそういう意味では，体系的なものではない。しかしながら，大きな「流行」という問題をさまざまな視点から分析したいという筆者の目的には合致している。また，今回はすべての章において，大学生を調査対象としたことも，若者の考え方をとらえることの1つとして貢献したと考える。

　以下に各章の要約をまとめた。

　序章では本書の構成について述べた。すなわち，目的，用語，構成，データ，成果について簡潔に述べた。

　第1章では流行に関するとらえ方についての一般的な定義を述べた。また，流行に関する基礎的な考え方をジンメル等の社会学者の説を例として紹介をした。

　第2章では流行を認知する大学生と認知しない大学生とに分類をした。その結果，流行を認知する男子大学生は流行に敏感であり，雑誌を毎月購入している。そして好きなブランドがあり，恋人・ガールフレンドがいる者となった。女子大学生の場合は，男子大学生と同様に，流行に敏感であり，雑

誌を毎月購入している。また，好きなブランドがある。ただし，ここからが男子大学生との違いであるが，テレビの視聴時間が長く，友人との接触時間も長い。また，商品を購入する時にはブランドを気にするという特徴を有した。女子大学生の方がテレビや友人の影響が大きいのである。

　第3章では流行に敏感である女子大学生の特性について見出した。彼女たちは，ブランドを重視する，値段を重視する，アルバイトをしているという3つの大きな特徴を持っていることがわかった。また，流行に敏感な女子大学生は，敏感ではない者よりもブランドを身近に感じており，流行の伝播にも役立つ存在であった。

　第4章では女子大学生の流行に対する男子大学生の反応をみた。一般的に，男子大学生の方が女子大学生よりも，流行に対しては厳しい意見を持っている。すなわち，女子の中では，容認される流行も男子には否定されるのである。たとえば，ガングロ，ミュール，厚底ブーツには否定的な見解を示す者が多かった。また，大学生が流行を知るきっかけとなる場所には，大学や街中以外に，コンビニという場所が挙げられた。コンビニは大学生に対して，流行という情報も発信していることがわかった。

　第5章では男子大学生の流行に対する知識と態度を調べた。知識とは，どの程度，流行を知っているのかということであり，態度とは流行をどのように受け止められるかということである。ここでは流行の範囲を女子だけではなく，全体的な世の中の流行として第4章よりも範囲を広げた。その結果，流行への態度には，ブランドに関する項目，日常生活に関する項目そして情報収集に関する項目の3つが見出せた。男子大学生のうち，流行に積極的な者は，新しいブランドに興味を持ち，自分の好みでブランドを選択する者である。また，お金の余裕のある者で，情報にも関心の深い者であった。

　第6章では価格を切り口として，流行を考えてみた。エルメスやプラダのようなブランドとユニクロのような価格の低いブランドを例示しながら，女子大学生を調査対象として，価格と流行との関係をみた。その結果，価格は高級化と低価格化という2極化を示した。

第7章ではギフトと流行との関係をみた。ギフトの中ではクリスマスギフトを選択した。この結果，一般的なギフトと特定の恋人やボーイフレンドからもらうギフトとは受け取る側の女子大学生の希望が異なっていることがわかった。一般的なギフトでは高価なものを望むが，恋人からのギフトは等身大のブランドで，プレミアのようなものが望まれた。

　第8章では流行に対するイメージを探った。女子大学生が抱く流行に対するイメージは，明るい，元気，さわやかの3つのイメージが大きいことがわかった。

　第9章では大学生の流行とこだわりについて述べた。最初に男女それぞれの大学生のこだわりについて調査をして，その差を明示した。それから，こだわりがどのように流行と結びつくのかを考察した。

　結章では簡単に各章から得られた流行について結論をまとめると共に，今後の研究の課題について述べた。本書の研究は流行を研究するうえでの小さなきっかけにしかすぎない。

　流行を研究することによって，今後，企業はどのような方法に顧客を導いていこうとしているのか。一方，消費者は何をどのように選択するのかについての私見を述べた。

　各章から出てきた結論を論理づけることが，今後の研究課題となる。また，流行を分析するうえで，さらに重要なことは，製品を提供する企業の問題である。どこまで企業が消費者のニーズを摑んでいるのか，どのようにニーズを創っていくのかという問題が，今回あらゆるところで，見え隠れしている。消費者である大学生からの視点のみでは流行を論理づけるにまでは至らないのである。企業と消費者との関わりや認識のずれ等も今後の研究課題となる。消費者は第8章で得たイメージのように，明るい，元気な，さわやかなモノを流行に望んでいるのかもしれない。明るいという意味では，流行となったピンク色も明るい色である。元気なというイメージでは，肌が黒いというガングロが挙げられるかもしれない。さわやかさではルーズソックスに代わり，ハイソックスが流行であることからうなずけるであろう。

なお，本書では，消費行動の段階の中では主に，購入と使用および管理（所持）の部分について着目をしている。たとえば，ギフトにおいても，いつ，どのような形で捨てるのかという廃棄の問題にはふれていない。おそらくリサイクルショップや古着が流行している今日においては，廃棄やリサイクルという問題での研究も必要になるであろう。このあたりは，今後の課題であると考える。

　21世紀という新しい時代を迎えて，少なくとも明るさや元気の良さは，誰もが新世紀に感じる期待であるかもしれない。流行は決して，ある日突然に目の前に現われるものではない。そこには社会背景，時代の空気，企業の提案，消費者の心理等，さまざまな要因が含まれており，それらが混合した形で，われわれの目の前に現象として現われているのである。

　流行を研究することは，学際的になるであろう。しかしながら，マーケティングや消費者行動を研究していくうえで，多くの問題を含み，それらを解明していくことは学問上でも社会的な意味においても，日常生活を営むうえでも，実りの多いことであると筆者は考えている。いずれにせよ，まだまだ研究するべきことは山積みであることには違いない。流行が少なからずも，消費者の生活に影響を及ぼし，それらが解明されていくことは，生活を良い方向へ導く指標にもなるであろう。流行はその言葉のとおり，流れであり，その流れは止まることなく，続いていくものである。そして，そこには必ず，研究するべき問題点が限りなく埋もれているのである。新しい流行は，新しい研究課題を与えているのである。

　以下の章はそれぞれ学会発表，学会誌等に掲載されたものをもとにして加筆，修正をしている。

第2章　流行を認知する大学生と認知しない大学生との比較
　　　　日本繊維製品消費科学会2000年年次大会，会場：和洋女子大学（千葉），2000年6月16～17日「流行を認知する若者の条件」
第3章　流行に敏感である女子大学生の特性とそれに関する要因分析
　　　　①第21回消費者行動研究コンファレンス，会場：専修大学（神奈

川），2000年11月11〜12日「ブランドバッグへのこだわりと場面効果」

②京都学園大学経営学部論集，京都学園大学経営学部学会，第9巻，第2号，89〜108頁，1999年。「流行に敏感である女子大学生の特性とそれに関する要因分析」

第4章　女子大学生の流行に対する男子大学生の反応

ファッション環境学会第9回年次大会，会場：大阪経済大学（大阪），2000年6月24日「男子大学生が容認する女子大学生の流行」

第5章　大学生活と流行—男子大学生の流行に対する知識，態度—

（流行を積極的に取り入れる男子大学生の特徴）

繊維製品消費科学，日本繊維製品消費科学会，Vol. 41, No. 11, 895〜902頁，2000年。「男子大学生の流行に対する知識，態度（第1報）」

第6章　若者のギフト観と流行—女子大学生のクリスマスギフトの場合—

①日本家政学会第52回大会，会場：文化女子大学（東京），2000年6月2〜4日「大学生のギフトの選択基準とギフト意識」

②京都学園大学経営学部論集，京都学園大学経営学部学会，第10巻，第3号，89〜108頁，2001年。「流行に敏感である女子大学生の特性とそれに関する要因分析」

参考文献

日本語

[1] 青木幸弘／岸志津江／田中洋編『ブランド構築と広告戦略』日経広告研究所，1-475頁，2000年。
[2] 青木幸弘「店舗内購買行動研究の現状と課題(1)」商学論究，Vol. 32, No. 4, 117-146頁，1985年。
[3] 青木幸弘「店舗内購買行動研究の現状と課題(2)」商学論究，Vol. 33, No. 1, 163-179頁，1985年。
[4] 青木幸弘「消費者関与概念の尺度化と測定―特に，低関与型尺度開発の問題を中心として―」商学論究，Vol. 38, No. 2, 129-156頁，1990年。
[5] 青木幸弘「マーケティングにおけるデータ解析技法の新展開」商学論究，Vol. 39, No. 2, 21-44頁，1991年。
[6] 飽戸弘編『消費行動の社会心理学』福村出版，277, vi, 1999年（第5刷）。
[7] 明田芳久／岡本浩一／奥田秀宇／外山みどり／山口勧『社会心理学』ベーシック現代心理学，有斐閣，x, 227頁，1994年。
[8] 安藤清志／押見輝男編『自己の社会心理』対人行動学研究シリーズ6，誠信書房，xi, 256頁，1998年。
[9] 池田貞雄／松井敬／富田幸弘／馬場善久『統計学―データから現実をさぐる―』内田老鶴圃，v, 294頁，1991年。
[10] 石井淳蔵『ブランド―価値の創造―』岩波書店，岩波新書634, iv, 210, 5頁，1999年。
[11] 石井淳蔵『マーケティングの神話』日本経済新聞社，348頁，1993年。
[12] 石井淳蔵／石原武政編『マーケティング・ダイナミズム―生産と欲望の相克―』白桃書房，xviii, 294頁，1996年。
[13] 石川実／井上忠司編『生活文化を学ぶ人のために』世界思想社，viii, 302頁，1998年。
[14] 井手幸恵『ブランドと日本人―被服におけるマーケティングと消費者行動―』白桃書房，xi, 176頁，1998年。
[15] 井手幸恵／磯井佳子／風間健「衣服購入時に及ぼす諸要因の効果（第1報）―衣服の使用目的と使用者の意識構造との関係―」繊維製品消費科学，Vol. 34, No. 9, 485-491頁，1993年。
[16] 井手幸恵／磯井佳子／風間健「衣服購入時に及ぼす諸要因の効果（第2報）―業態選択の実態と消費者の意識構造―」繊維製品消費科学，Vol. 35, No. 6, 238-332

頁，1994年。

[17] 井手幸恵／磯井佳子／風間健「衣服購入時に及ぼす諸要因の効果（第3報）―購入実態と連想品目の関係―」繊維製品消費科学，Vol. 35, No. 11, 634-641頁，1994年。

[18] 井手幸恵／磯井佳子／風間健「ブランドが衣服の購買行動に与える諸効果（第1報）―ブランドを念頭に置く購買者の属性―女子大学生とその母親の場合―」繊維製品消費科学，Vol. 37, No. 11, 607-613頁，1996年。

[19] 井手幸恵／風間健「ブランドが衣服の購買行動に与える諸効果（第2報）―女子就労者が有名ブランドの鞄を希望する要因―」繊維製品消費科学，Vol. 38, No. 5, 265-270頁，1997年。

[20] 井手幸恵／風間健「ブランドが衣服の購買行動に与える諸効果（第3報）―Tシャツからみた女子大学生が抱くスポーツブランドのイメージ―」繊維製品消費科学，Vol. 38, No. 9, 512-518頁，1997年。

[21] 井手幸恵「被服の使用目的と購入場所に関する消費者の意識と実態」（博士論文），武庫川女子大学大学院，2，291，32頁，1996年。

[22] 井手幸恵「情報の流れとしてのファッション理論」ファッション環境，Vol. 5, No. 3, 11-19頁，1996年。

[23] Yukie Ide「A Research on The Images of Overseas Brand Bags and The Reasons for Buying Then―The Case of Japanese Female College Students―」京都学園大学経営学部論集，京都学園大学経営学部学会，Vol. 8, No. 3, 23-37頁，1999年。

[24] 井手幸恵「消費者の行為分析―女性の衣服選択と購買行動の解明に向けて―」神戸大学経営学部，Current Management Issues NO. 9221S, 41頁，1992年。

[25] 伊藤邦雄『コーポレートブランド経営』日本経済新聞社，1-334頁，2000年。

[26] 伊奈正人『サブカルチャーの社会学』世界思想社，vi, 256頁，1999年。

[27] 大淵憲一監訳 A. H. バス著『対人行動とパーソナリティ』北大路書房，viii, 244, 61頁，1991年。

[28] 岡嶋隆三編『新しい社会へのマーケティング―マーケティングの基本と展開―』嵯峨野書院，ix, 267頁，1996年。

[29] 奥野忠一／久米均／芳賀敏郎／吉澤正『改定版　多変量解析法』日科技連，viii, 430頁，1989年（第9刷）。

[30] 長田雅喜編『対人関係の社会心理学』福村出版，285頁，1996年。

[31] 風間健「21世紀における消費のかたち」繊維製品消費科学，Vol. 42, No. 1, 31-35頁，2001年。

[32] 角田政芳『知的財産権小六法』成文堂，vi, 615頁，1997年。

参考文献　　161

[33]　樺山忠雄『計量マーケティング入門―マーケティング・データの解析―』創成社，5，315頁，1982年．
[34]　川崎賢一／小川葉子編訳，M. フェザーストン著『消費文化とポストモダニズム』165頁，1999年．
[35]　久世敏雄／斎藤耕二監修『青年心理学事典』福村出版，xiv，519頁，2000年．
[36]　河野龍太訳『エセセティクスのマーケティング戦略―感覚的経験によるブランド・アイデンティティの戦略的管理』xiii，462頁，1998年．
　　　Bernd H. Schmit/Alexander Simonson (1997) : Marketing Aesthetics : The Strategic Management of Brands, Identity, and Image.
[37]　神山進『衣服と装身の心理学』関西衣生活研究会，238頁，1990年．
[38]　神山進／牛田聡子／枡田庸「服装に関する暗黙里のパーソナリティ理論（第1報）―パーソナリティ特性から想起される服装特徴の構造―」繊維製品消費科学，Vol. 28, N0. 8, 335-343頁，1987年．
[39]　神山進『消費者の心理と行動―リスク知覚とマーケティング対応―』中央経済社，2，302頁，1997年．
[40]　佐伯胖／松原望編『実践としての統計学』東京大学出版会，7，239頁，2000年．
[41]　佐々木土師二『旅行者行動の心理学』関西大学出版部，xiii，410頁，1999年．
[42]　佐々木土師二『購買態度の構造分析』関西大学出版部，iv，433頁，1988年．
[43]　芝祐順『因子分析』東京大学出版会，vi，298頁，1979年．
[44]　嶋口充輝／竹内弘高／片平秀貴／石井淳蔵編『ブランド構築』有斐閣，xv, 339頁，1999年．
[45]　清水徹編訳『マラルメ全集III　別冊解題・註解』筑摩書房，vii，479頁，1998年．
[46]　清水徹編訳『マラルメ全集III　言語・書物・最新流行』筑摩書房，705頁，1998年．
[47]　末包厚喜「製品とブランド価値―ブランド価値の多重性とそのマネジメント―」繊維製品消費科学，Vol. 42, N0. 1, 13-21頁，2001年．
[48]　住谷宏「21世紀の新しい小売業態」TRI-VIEW, 東急総合研究所, Vol. 15, No. 1, 9-15頁，2001年．
[49]　ダイヤモンド・ハーバード・ビジネス社編集部編『ブランド価値創造のマーケティング』ダイヤモンド社，235頁，1998年．
[50]　高木修監修『被服行動の社会心理学』北大路書房，x，163頁，1999年．
[51]　高木修監修『被服と化粧の社会心理学』北大路書房，vi，4，231頁，1996年．
[52]　高木修監修『消費行動の社会心理学』北大路書房，x，179頁，2000年．
[53]　竹内啓編『統計学辞典』東洋経済新報社，xxiv，1185頁，1989年（第1刷）．
[54]　武田徹『流行人類学クロニクル』日経BP社，862頁，1999年．

[55]　田中豊／脇本和昌『多変量統計解析法』現代数学社，276頁，1990年（7刷）。
[56]　田村正紀『マーケティングの知識』日経文庫，日本経済新聞社，194頁，1998年。
[57]　辻幸恵／風間健「ブランドが衣服の購買行動に与える諸効果（第4報）―Fishbein 理論の子ども服ブランド選好への適応―」繊維製品消費科学，Vol. 40, No. 6, 387-398頁，1999年。
[58]　辻幸恵「流行に敏感である女子大学生の特性とそれに関する要因分析」京都学園大学経営学部論集，京都学園大学経営学部学会，Vol. 9, No. 2, 89-108頁，1999年。
[59]　辻幸恵「若者のギフト観と販売促進―女子大学生のクリスマスギフト」京都学園大学経営学部論集，京都学園大学経営学部学会，Vol. 10, No. 3, 89-108頁，2001年。
[60]　辻幸恵「ブランド選択の基準―女子大学生とその母親がブランドの鞄を選択する場合―」京都学園大学経営学部論集，京都学園大学経営学部学会，Vol. 9, No. 3, 47-72頁，2000年。
[61]　辻幸恵「バレンタインギフトの贈手と受手との意識差」ファッション環境，Vol. 9, No. 2, 31-35頁，1999年。
[62]　辻幸恵「ブランド選択の基準とブランド戦略―女子大学生とその母親たちの調査より」TRI-VIEW，東急総合研究所，Vol. 14, No. 10, 32-38頁，2000年。
[63]　辻幸恵／風間健「男子大学生の流行に対する知識，態度（第1報）流行を積極的に取り入れる男子大学生の特徴―」繊維製品消費科学，Vol. 41, No. 11, 895-902頁，2000年。
[64]　辻幸恵／高木修／神山進／阿部久美子／牛田聡子「着装規範に関する研究（第5報）―着装規範の親子間の対応性に及ぼす親子関係の影響」繊維製品消費科学，Vol. 41, No. 11, 876-883頁，2000年。
[65]　徳井淑子編訳『中世衣生活誌―日常風景から想像世界まで―』勁草書房，iii, 216, xxx, 2000年。
[66]　富重健一「青年期における異性不安と異性対人行動の関係―異性に対する親和指向に関する他者比較・経時的比較の役割を中心に―」社会心理学研究，日本社会心理学会，Vol. 15, No. 3, 189-199頁，2000年。
[67]　刀根薫『ゲーム感覚意思決定法』日科技連，vii, 218頁，1986年。
[68]　刀根薫『経営効率性の測定と改善―包絡分析法ＤＥＡによる―』日科技連，xi, 176頁，1993年。
[69]　中島純一『メディアと流行の心理』金子書房，vi, 215頁，1998年。
[70]　長町三生『感性工学―感性をデザインに活かすテクノロジ――』海文堂，v, 138頁，1989年。

- [71] 中村雄二郎『正念場—不易と流行の間で—』岩波新書608，岩波書店，xi，206頁，1999年。
- [72] 中田善啓／石垣智徳「消費者態度の進化—流行のメカニズム—」甲南経営研究，甲南大学経営学会，Vol. 39, No. 5, 49-78頁，1998年。
- [73] 中田善啓『マーケティングの進化』同文舘出版，225頁，1998年。
- [74] 中根千枝『タテ社会の人間関係—単一社会の理論—』講談社現代新書，講談社，189頁，1967年。
- [75] 中村佳子／浦光博「ソーシャル・サポートと信頼との相互関連について—対人関係の継続性の視点から—」社会心理学研究，日本社会心理学会，Vol. 15, No. 3, 151-163頁，2000年。
- [76] 成実弘至訳 ジョアン・フィンケルシュタイン (Joanne Finkelstein)『ファッションの文化社会学』せりか書房，213, xvi頁，1998年。
- [77] 日本衣料管理協会刊行委員会編『マーケティング論』社団法人日本衣料管理協会，271頁，1990年。
- [78] 日本繊維製品消費科学会編『消費者の情報調査』弘学出版，vii, 107頁，2000年。
- [79] 野村昭『社会と文化の心理学』北大路書房，vii, 292頁，1994年（第5刷）。
- [80] 博報堂ブランドコンサルティング『図解でわかるブランドマーケティング』日本能率協会マネジメントセンター，219頁，2000年。
- [81] 馬場房子『消費者心理学』白桃書房，xv, 304頁，1989年（第2版）。
- [82] 藤井一枝／山口恵子「女子短大生の流行に関する意識と服装の実態—島根と大阪を比較して—」島根女子短期大学紀要，Vol. 36, 61-68頁，1998年。
- [83] 藤村邦博／大久保純一郎／箱井英寿編『青年期以降の発達心理学—自分らしく生き，老いるために—』北大路書房，viii, 198頁，2000年。
- [84] 藤村邦博／大久保純一郎／箱井英寿編『発達心理学エッセンス』北大路書房，121頁，2000年。
- [85] 藤本憲一「モバイル（携帯）・ノマド（遊動）・ツーリズム（観光）時代の「中食」—「マクドナルド化社会」における新しい生活美学の予兆—」ファッション環境，Vol. 9, No. 2, 21-25頁，1999年。
- [86] 藤本康晴「女子大学生の被服の関心度と自尊感情との関係」繊維機械学会誌，Vol. 33, No. 10, 36-40頁，1982年。
- [87] 藤本康晴／宇野保子／中川敦子／福井典代「服装に対する評定の個人による再現性の違いとその評定値への影響」日本家政学会誌，Vol. 50, No. 10, 1071-1077頁，1999年。
- [88] 堀洋道／山本真理子／松井豊編『人間と社会を測る心理尺度ファイル』垣内出版，652頁，1994年。

[89]　間々田孝夫『消費社会論』有斐閣，x，285頁，2000年。
[90]　水尾順一『化粧品のブランド史―文明開化からグローバルマーケティングへ―』中公新書，x，289頁，1998年。
[91]　南知恵子『ギフト・マーケティング』千倉書房，4，266，7，11頁，1998年。
[92]　南知恵子「コミュニケーション・システムとしてのギフト―理論的枠組み―」六甲台論集第39巻第2号，神戸大学大学院研究会，129-141頁，1992年。
[93]　南知恵子「コミュニケーション・システムとしてのギフト―ヤングへの適用―」六甲台論集第39巻第3号，神戸大学大学院研究会，244-258頁，1992年。
[94]　南知恵子「儀礼ギフト―象徴交換と経済交換の均衡点―」消費者行動研究第2巻第1号，日本消費者行動研究学会，1-28頁，1994年。
[95]　南知恵子「消費者行動研究における定性的アプローチの可能性と問題点」消費者行動研究第4巻第1号，日本消費者行動研究学会，1-13頁，1996年。
[96]　南知恵子「マーケティングと文化変容」国民経済雑誌第176巻第1号，神戸大学経済経営学会，15-29頁，1997年。
[97]　三家英治『図解事典　経営戦略の基礎知識』ダイヤモンド社，xxx，213頁，1996年。
[98]　三家英治「ファッションにおけるＤＣブランドとは何だったのか？」京都学園大学経営学部論集，京都学園大学経営学部学会，Vol. 1, No. 1, 45-73頁，1991年。
[99]　三家英治「キャッチフレーズの歩み」京都学園大学経営学部論集，京都学園大学経営学部学会，Vol. 2, No. 1, 61-76頁，1991年。
[100]　三家英治「日本の漫画(II)」京都学園大学経営学部論集，京都学園大学経営学部学会，Vol. 5, No. 2, 129-147頁，1995年。
[101]　山名邦和『衣生活文化』源流社，182頁，1993年。
[102]　渡辺澄子／川本栄子／中川早苗「服装におけるイメージとデザインとの関連について（第1報）―イメージを構成する主要因とデザインとの関連―」日本家政学会誌，Vol. 42, No. 5, 459-466頁，1991年。
[103]　渡辺澄子／川本栄子／上島雅子／中川早苗「服装におけるイメージとデザインとの関連について（第2報）―女らしさの評価基準―」繊維機械学会誌，Vol. 41, No. 6, 362-367頁，1998年。
[104]　和田充夫「マーケティング戦略の構築とインヴォルブメント概念」慶應経営学論集，Vol. 5, No. 3, 1-13頁，1984年。
[105]　和田充夫『関連性マーケティングの構図―マーケティング・アズ・コミュニケーション―』有斐閣，vii，235頁，1998年。

外国語

[106] Agres, Stuart J./Dubitsky, Tony M.(1996) : "Changing needs for brands", *Journal of Advertising Research,* Vol. 36, No. 1, pp. 21-30.

[107] Aaker, David A./Day, George S. (1980) : *Marketing Research : Private and Public Sector Decisions,* John Wiley & Sons, 1980. (石井淳蔵・野中郁次郎訳 (1981) :『マーケティング・リサーチ―企業と公組織の意思決定―』白桃書房)

[108] Baldinger, Allan L./Rubinson, Joel (1996) : "Brand Loyalty : The Link Between Attitude and Behavior", *Journal of Advertising Research,* Vol. 36, No. 6, pp. 23-34.

[109] Christine Orban (1992) : "emanuel ungaro", Thames & Hudson, pp. 1-80.

[110] Christopher Moore/Ruth Murphy (2000) : "The strategic exploitation of new market opportunities by British fashion companies", *Journal of Fashion Marketing and Management,* Vol. 4, No. 1, pp. 15-25.

[111] Cook, William A.(1996) : "Strive for loyal brands, then loyal consumer", *Journal of Advertising Research,* Vol. 36, No. 6, pp. 6-7.

[112] Dick, Alan/Jain, Arun/Richardson, Paul (1996) : "How consumers evaluate store brands", *Journal of Product & Brand Management,* Vol. 5, No. 2, pp. 19-28.

[113] Douglas Bullis (2000) : "fashion Asia", Thames & Hudson, pp. 1-208.

[114] Gupta, Kamal/Stewart, David W. (1996) : "Customer Satisfaction and Customer Behavior : The Differential Role of Brand and Category Expectations", *Marketing Letters,* Vol. 7, No. 3, pp. 249-263.

[115] Kennita Oldham Kind/Jan M. Hathcote (2000) : "Speciality-size college females : Satisfaction with retail outlets and apparel fit", *Journal of Fashion Marketing and Management,* Vol. 4, No. 4, pp. 315-324.

[116] Ide, Yukie (1998) : "The relative use of distribution channels in the Japanese clothing market", *Journal of Fashion Marketing and Management,* Vol. 2, No. 2, pp. 159-168.

[117] Lydia Kamitsis (1999) : "paco rabanne", Thames & Hudson, pp. 1-80.

索　引

あ行

i モード　22
厚底ブーツ　2, 4, 21, 22, 63-65, 69-80, 125, 129, 133, 136
アパレル　1, 34

衣服　1, 2, 9, 25, 29, 38, 40, 43, 46, 50, 52, 56, 80, 81, 93, 111, 148
隠語　2
因子負荷量　69
因子分析　6, 13, 67, 68, 72, 80, 81, 92, 115, 119, 131, 133
e メール　91
インターネット　24, 84, 91

ＳＤ法　16, 66

オピニオンリーダー　20, 55, 59

か行

解析　2, 6
外的基準　44, 48
価格　4, 39, 57, 93, 95, 97, 100, 101, 104, 109, 120, 122, 136, 137, 139, 146
環境　6, 14, 15
ガングロ　2, 4, 21, 22, 63, 64, 71, 73-77, 79, 80, 86, 127, 131, 135-137, 154, 155
関与　9, 34, 109
感性　19, 53, 121, 122

記述式　6
機動　4
ギフト　4, 5, 62, 88, 107-109, 111-114, 116, 119, 120-122, 155, 156

基本的属性　27, 30
基本要因　44, 45

口コミ　6, 7, 24, 32, 51, 53, 82, 84, 108, 110, 122
クロス集計　46

化粧　1, 2, 9, 21, 77, 78, 83, 125, 127, 142, 143, 148

購入　3, 5, 27, 29, 39, 46, 50, 52, 54, 56, 86, 88, 89, 96, 97, 98, 101
購買行動　6, 38, 57, 60, 61, 91, 92, 102
購買態度　67, 80
購買要因　41
こだわり　5, 41, 51, 137-140, 143, 145-147, 155
5段階評価法　6, 63, 66, 67, 73, 115
固有値　68
コンビニ　4, 6, 56, 65, 79, 136, 149, 154

さ行

雑貨　2, 21, 28, 29, 98
雑誌　3, 6, 26, 27, 29-33, 40, 41, 64, 88, 93, 119, 143
情報　4, 6, 7, 20, 23, 31-33, 51, 52, 55, 57, 65, 78, 79, 86, 91, 101, 102, 107, 146, 154
シンボル　4, 39, 151
ジンメル　3, 9, 10-12, 16, 153
社会規範　38, 146
社会的促進　107, 147, 148
集合調査法　6, 33, 39, 63, 80, 85, 110, 138
商標　3, 7, 36, 101
順位法　54

スーパーブランド　58, 94, 99, 103, 112, 120
数量化II類　3, 6, 26, 27, 44, 48, 49, 53, 89
ステイタス　50

説明変数　45, 89
センス　13, 14, 20, 25, 72, 79, 111, 114, 116-118, 144, 146

素材　1, 39, 42, 43, 46, 48, 50, 51, 56, 93, 103, 104, 111, 116, 118, 119

た行

ダイエット　23, 33, 140-142, 145, 148, 149
態度　4, 66, 67, 83, 86, 154
ダイナミック　9

茶髪　63-65, 69, 70, 73-77, 79, 131, 135

定番　20, 42, 81, 98, 99, 111, 116, 118, 142, 147
ＴＰＯ　68, 70, 77-79, 84
伝播　1, 4, 14, 57

等身大　21, 103
同調　10-12, 15
トリクルダウンセオリー　3, 12
トレードマーク　39
トレンド　9

な行

認知　3, 14, 19, 21, 24-27, 30-33, 43, 49, 61, 67, 83, 123, 135

ネイル　2
値ごろ感　51, 57, 93, 99
値段　25, 27, 28, 42, 45, 48-51, 53, 54, 84, 93, 103, 111, 113, 120

念頭　31

は行

発信源　1
販売戦略　112
販売促進　7, 32
判別的中点　47
判別的中率　29, 30, 47, 88, 89, 90
判別分析　26, 57

ファッション　7, 9, 13-15, 21-23, 31, 33, 38, 39, 41, 55, 57-59, 63, 65, 83, 84, 86, 93, 113, 130, 134, 136, 147, 151
不易流行　1, 9
ブランド志向　20, 112
フレームワーク　3, 9
プレミア　5

蛇革　63-65, 69, 70, 72-77
便益　6
偏相関係数　13

ま行

満足度　20, 27-29, 32

ミュール　2, 4, 22, 64, 65, 69-71, 73-78, 80, 127, 131, 135, 154

銘柄　3

目的変数　26, 28, 48
模索　20
模倣　10, 11, 14, 19, 38, 55, 62, 84, 85

や行

郵送法　6, 39, 63, 67, 80, 85, 110, 128, 138
ユニクロ　4, 23, 64, 93, 94, 103, 104, 111, 131, 134, 136, 154

容認　1, 4, 6, 28-30, 33, 61, 66, 68, 70, 73, 75, 78, 79, 80, 84, 85

ら行

リスク　20, 114

ルーズソックス　3, 4

ル・ボン　10, 11

レンジ　27, 28, 30, 32, 90

連想法　133

ロイヤリティ　14, 20, 21, 121, 123

■ 著者紹介
辻　幸恵（つじ　ゆきえ）
神戸学院大学経営学部教授（博士　家政学）

著　書　『ブランドと日本人－被服におけるマーケティングと消費者
　　　　　行動－』白桃書房，1998 年
　　　　『京都とブランド－京ブランド解明・学生の視点－』
　　　　　白桃書房，2008 年
　　　　『京都こだわり商空間－大学生が感じた京ブランド－』
　　　　　嵯峨野書院，2009 年
　　　　『こだわりと日本人－若者の新生活感：選択基準と購買行動－』
　　　　　白桃書房，2013 年
　　　　『リサーチ・ビジョン－マーケティング・リサーチの実際－』
　　　　　白桃書房，2016 年
　　　　『流行とブランド－男子大学生の流行分析とブランド視点－』
　　　　　白桃書房，2004 年（共著：辻幸恵，田中健一）
　　　　『アート・マーケティング』白桃書房，2006 年
　　　　（共著：辻幸恵，梅村修）
　　　　『地域ブランドと広告－伝える流儀を学ぶ－』
　　　　　嵯峨野書院，2010 年（共著：辻幸恵・栃尾安伸・梅村修）
　　　　『マーケティング講義ノート』
　　　　　白桃書房，2018 年（共著：滋野英憲・辻幸恵・松田優）

■ 流行と日本人
　　──若者の購買行動とファッション・マーケティング──　　〈検印省略〉

■ 発行日──2001 年 6 月 6 日　　初 版 発 行
　　　　　　2020 年 4 月 16 日　　10 版 発 行

■ 著　者──辻　　幸恵

■ 発行者──大矢栄一郎

■ 発行所──株式会社　白桃書房
　　　　　　〒 101-0021　東京都千代田区外神田 5-1-15
　　　　　　☎ 03-3836-4781　Ⓕ 03-3836-9370　振替 00100-4-20192
　　　　　　http://www.hakutou.co.jp/

■ 印刷／製本──株式会社デジタルパブリッシングサービス
　　　　Ⓒ Yukie Tsuji 2001　Printed in Japan　ISBN 978-4-561-66118-4 C3063

本書のコピー，スキャン，デジタル化等の無断複製は著作権法上での例外を除き禁じられています。本書を代行業者等の第三者に依頼してスキャンやデジタル化することは，たとえ個人や家庭内の利用であっても著作権法上認められておりません。

JCOPY 〈出版者著作権管理機構　委託出版物〉
本書の無断複写は著作権法上での例外を除き禁じられています。複写される場合は，そのつど事前に，出版者著作権管理機構（電話 03-5244-5088, FAX03-5244-5089, e-mail : info@jcopy.or.jp）の許諾を得てください。

落丁本・乱丁本はおとりかえいたします。

―――――― 好評書 ――――――

辻　幸恵・田中健一著
流行とブランド　　　　　　　　本体価格 2200 円
―男子大学生の流行分析とブランド視点―

辻　幸恵・梅村　修著
アート・マーケティング　　　　本体価格 2800 円

辻　幸恵著
京都とブランド　　　　　　　　本体価格 2800 円
―京ブランド解明・学生の視点―

赤阪俊一・乳原　孝・辻　幸恵著
流行と社会　　　　　　　　　　本体価格 2500 円
―過去から未来へ―

辻　幸恵・梅村　修・水野浩児著
キャラクター総論　　　　　　　本体価格 3600 円
―文化・商業・知材―

辻　幸恵著
こだわりと日本人　　　　　　　本体価格 2800 円
―若者の新生活感：選択基準と購買行動―

辻　幸恵著
リサーチ・ビジョン　　　　　　本体価格 2500 円
―マーケティング・リサーチの実際―

―――――― 白桃書房 ――――――

本広告の価格は消費税抜きです。別途消費税が加算されます。